危機管理マニュアル

？どう伝え合う クライシスコミュニケーション

CRISIS COMMUNICATION

吉川 肇子
(慶應義塾大学准教授)

釘原 直樹
(大阪大学教授)

岡本真一郎
(愛知学院大学教授)

中川 和之
(時事通信社)

イマジン出版

目次

まえがき―このマニュアルの使い方

第1部　基本用語

1．クライシス（危機）とは ……………………………………… 6
　(1) 危機の定義 ………………………………………………… 6
　(2)「危機」の意味の歴史的変遷 …………………………… 8
2．クライシスコミュニケーションとは ……………………… 12
　(1) クライシスコミュニケーションの定義 ……………… 12
　(2) クライシスコミュニケーションとリスクコミュニケーション … 14

第2部　クライシスコミュニケーションの実際

1．基本的な考え方 ……………………………………………… 22
　(1) 基本原則 ………………………………………………… 22
　(2) クライシスコミュニケーションにおける情報収集と分析の重要性 … 23
　(3) 実態把握（クライシスコミュニケーションの受け手の調査）… 26
2．コミュニケーション技術 …………………………………… 30
　(1) 資料の作成 ……………………………………………… 30
　(2) 言 語 表 現 ……………………………………………… 30
　(3) 話 し 方 ………………………………………………… 44
　(4) き き 方 ………………………………………………… 46
　(5) スポークスパーソンの選定 …………………………… 48
　(6) 伝達媒体の検討 ………………………………………… 52
　(7) コミュニケーション手法の検討 ……………………… 54
　(8) 報 道 対 応 ……………………………………………… 56
　(9) 訂正と謝罪の表現 ……………………………………… 64
　(10) 印 象 管 理 ……………………………………………… 66
3．危機管理者が注意すべき「思い込み」 …………………… 68

4．訓　　練 …………………………………………………… 74
　(1) 訓練の考え方 ………………………………………… 74
　(2) コミュニケーション訓練 …………………………… 76
　(3) シナリオ討議訓練 …………………………………… 78
5．危機発生後のクライシスコミュニケーションの注意点 ……… 80
　(1) 組織内のコミュニケーション ……………………… 80
　(2) 担当者のローテーション …………………………… 82
　(3) クライシスコミュニケーションの記録と評価、見直し ……… 84

第3部　マス・メディア対応

1．健康危機管理における報道対応について：ジャーナリストの立場から ……………………………………………………… 88
2．第一波を振り返って：「次」に備えるために ……………… 99

第4部　クライシス・マネジメント

1．群集行動 ………………………………………………… 110
2．理性モデルと非理性モデル …………………………… 118
3．理性モデル、非理性モデル対立の原因 ……………… 124
　(1) 災害の種類（物理的空間構造と人数と緊急度） ………… 125
　(2) 災害分析の視点（行為者からの視点と観察者からの視点） … 128
4．絶体絶命の極限事態でも人間は理性的に振る舞うのか …… 130
　(1) 航空機事故の分析 …………………………………… 130
　(2) 緊急事態の避難行動に関する実験 ………………… 135
5．提　　言 ………………………………………………… 154
6．感染症や災害発生時のマスコミのスケープゴート現象 …… 164

引用文献 ……………………………………………………… 178
著者紹介 ……………………………………………………… 183

まえがき
－このマニュアルの使い方－

　このクライシスコミュニケーションマニュアルは、平成19年～20年厚生労働科学研究費補助金（健康危機管理・テロリズム対策システム研究事業）「健康危機管理におけるクライシスコミュニケーションのあり方の検討」（研究代表者：吉川肇子）の成果として作成されたものである。出版を許可いただいた厚生労働省大臣官房厚生科学課に御礼申し上げる。

　マニュアルを使う対象者としては、主に国や地方自治体の行政職員、とりわけ健康危機管理部局の職員を想定している。ただし、今回の出版に当たって、より広くの方、すなわち、自治体の危機管理に関心のある方にお使いいただけるように、研究代表者と分担者3名（中川、岡本、釘原）で内容を加筆修正した。

　実際のクライシスコミュニケーションの技法について興味のある方は、第2部「クライシスコミュニケーションの実際」から読み進めていただいてかまわない。それ以前のクライシスコミュニケーションや、それに関する用語について基本的な知識を得たいという方は、第1部「基本用語」を参照されるとよいだろう。

　第3部には、第1、2章に、クライシスコミュニケーションにおける報道対応について、研究協力者であるジャーナリスト中川の見解をまとめてある。第2部の技法と合わせて読んでいただければ、理論的な裏付けと実践を関連づけながら理解することができるであろう。この部分には、2009年4月のインフルエンザ発生を受けて、その対応からの教訓も追記してある。

　また、第4部として、群集行動に関する社会学的、心理学的な知見のレビューが、本研究班の研究成果とともにまとめてある。一部はマニュアル本体に反映してあるが、それ以外の知見でも、危機管理従事者が知っておくべき人びとの行動が網羅的に紹介されているので、こ

の部分も併読いただければ、クライシスコミュニケーションへの理解が進むだろう。

　なお、今回執筆にご参加頂けなかったが、研究の進行に多大なご助力を頂いた研究分担者の先生方にも厚く御礼申し上げる。

　東北大学　押谷仁先生、国立感染症研究所　西條政幸先生、順天堂大学　堀口逸子先生。

第1部

基本用語

1 クライシス（危機）とは

（1）危機の定義

ここがポイント！

1. 危機とは、社会や組織に対する重要な脅威をさす
2. 対応の如何によっては、本来危機でないものが危機になったり、さらに危機が拡大したりする

① 危機（クライシス）とは、社会や組織に対する重要な脅威のことである
② 「重要な」という意味は、組織や社会の活動が何らかの形で阻害されることである。重要でない小さな脅威を「インシデント」という
③ 危機管理とは、危機は必ず起こるものとして準備すること
④ 危機の経過は、しばしば病気の経過にたとえられて説明される

- 前兆期
- 情報収集による予兆検知が重要

- 急性期
- きっかけとなるできごとの発生

- 慢性期
- 危機の継続

- 治癒
- 組織学習による次の危機への備え

図1　危機：病気の比喩

1 クライシス（危機）とは

(1) 危機の定義

　何をクライシス（危機）と考えるかについて、定まった考え方があるわけではない。また、発生当時は危機でない小さい事件であっても、その対処如何で、危機に発展することもある。さらに、当事者がそれを危機であると認識するのに、時間がかかることもある。

　ここでは、代表的な定義の例を挙げることにする。すなわち、危機とは、社会や組織に対する重要な脅威をさす（クームズ、Coombs, 1999）。

　「重要な」という言葉の意味は、組織や社会の活動が何らかの形で阻害されるということである。これに対して、小さな脅威をインシデント（incident）という。この定義に従えば、災害や事故はまさにクライシスの状況である。

　たとえば1つの工場での小さな火事は、その会社の企業活動に大きな影響を与えないのであれば、危機とはいえない（インシデントである）。しかし、同じ火事であっても、主要な工場における火事であって、その工場の操業停止が部品の調達に支障を来すのであれば、それは危機である。このほかに事件や不祥事なども、対応如何によっては、時に企業の存亡を危うくするほどの影響がある場合には、危機となる。たとえば、2000年の雪印乳業の事件の時には、北海道の同社工場での停電事故が食中毒の原因（毒素が増殖）になったとされている。停電時間はわずかであり、これはインシデントであるが、そのインシデントを重要と考えず生産を続けたことが、大阪での大規模な食中毒という危機を引き起こすことになったのである。

　危機管理は、危機は必ず起こるものと想定して準備するものであるから、リスクのように、それがどの程度起こるのか（すなわち、確率）はあまり議論されない。あえて確率を言うなら1

(2) 危機の意味の歴史的変遷

ここがポイント！

1 危機の含意は時代とともに変化
2 軍事的な意味あいを持つ言葉から、情報公開が対応の鍵に
3 2001年以降再度軍事的な意味あいが再考されるように

事例1 ジョンソン&ジョンソン社危機対応

1982年にジョンソン&ジョンソン社（以下J&J社）のタイレノール（鎮痛剤）のカプセルにシアン化合物が混入され、服用した市民が死亡するという事件が発生した。この時のJ&J社の危機対応は、事件の覚知の迅速さとあわせて、危機管理のお手本としてしばしば引用される。クライシスコミュニケーションに対する重要性が認識されるきっかけとなった。

事例2 バルディーズ号原油流出事故（P49参照）

1989年にアラスカ湾で原油流出による環境悪化を起こしたエクソン社のバルディーズ号事故は、クライシスコミュニケーションの際に、スポークスパーソンである組織のトップが不適切な振る舞いをしたために、人びとの反感を買った、失敗の典型的な例である。事故の6日後にテレビに出演したローレンス・ロール会長の態度は、非常に傲慢であると人びとに受け取られた。彼はまた、自分のこのような言動が理由の1つとなったエクソン製品のボイコットについても、マス・メディアの報道のせいであると言ってさらに人びとの反感を買った。

(100%)である。このことに関して、危機は「起こるとはわかっている」が、「予測できない（いつ、どこで起こるかわからない）」と表現をされることもある。

また、危機はしばしば病気の比喩を用いて説明される（図1）。すなわち、前兆期、急性期（引き金となる事象の発生）、慢性期（危機の継続）、治癒、の4段階である。急性期とはまさに事故や問題が発生した時であるが、病気が予防的に対処することが重要であるように、危機もその前兆を適切にとらえることが重要になる。すなわち、危機が起こる前のクライシスコミュニケーションが重要である。日本では、急性期のクライシスコミュニケーションである記者会見やマス・メディア対応が注目されているが、本当のところ、それはクライシスコミュニケーション全体の小さな一部である。

(2)「危機」の意味の歴史的変遷

何を危機と考えるか、その意味するところの範囲は、歴史的に変遷してきたことも注意しなくてはならない。

2000年にこの分野を概観した研究者（グリュンバル、Grönval, 2000）は、当初危機の定義には軍事的な意味あいが強かったが、近年は軍事的でない意味が強くなってきたとしている。軍事的な意味あいとは、すなわち、国家安全保障にかかわるようなできごと、たとえば冷戦、朝鮮戦争、キューバ問題、中東問題などである。

危機に対する軍事的な意味あいが薄れるにつれ、産業や社会、経済など分野へと危機の概念が広がってきた。事件や事故の際の、あるいはそれに備えた企業の広報のあり方や、コンピュータ化に伴うシステムの不具合が引き起こす社会生活への影響も危機の中に含まれることになったのである。

この転換のきっかけを作ったと考えられているのが、1982年のジョンソン＆ジョンソン社のタイレノール事件と1989年のエクソンバルディーズ号の原油流出事故である。ここに至って、危機への対応如何が、特に危機時のコミュニケーションのあり方が、会

社や組織の評価や存亡を左右するものとして認識されるようになってきた。タイレノール事件は、その成功例として、1989年のエクソンバルディーズ号事故は、その失敗例として、評価されている。

ジョンソン&ジョンソン社（以下J&J社と略記）の事例を、簡単に紹介しよう（ミッチェル，Mitchell，1989）。

1982年9月30日にJ&J社は、3人が鎮痛剤のタイレノールカプセルを服用して死亡したと発表した。この2日後にさらに4人が死亡し、死者は計7人となった。死亡の原因となったシアン化合物は店頭で故意に混入されたものと推定されているが、この事件は現在でも未解決で犯人はわかっていない。

J&J社がこの危機を把握したのは、地元新聞社から広報部への問い合わせの電話であった。この電話は、事件の情報を得た記者が、記事を書くための情報確認を、アルバイトにさせたものであった。内容は社名の綴り、タイレノールの市場シェアなどであったが、当時の広報担当者が、この電話によって自社に関して事件となる問題があると考え、直ちに重役に連絡し、7名の危機管理チームを編成した。このチームは、(1) メディアにオープン、(2) 製品は回収、(3) アメリカ的フェアプレイの精神をアピールして消費者の信頼を求める、という3つの基本方針を立てた。実際タイレノールカプセルは店頭から回収され、事件後J&J社の1位だったシェアは低下したが、一連の方針が消費者に好感を持って受け入れられたこと、事件後三重の安全包装を行った製品を市場に出したことなどの対策が奏功して、約1年後にはシェアを回復している。

クライシスコミュニケーションの視点から見ると、この対応が成功したポイントは2つあるように思われる。まず第1は、問い合わせの電話という小さな徴候から危機を察知して早期に危機管理チームを編成して、迅速に対処したことである。第2は、上述の基本方針（1）と（3）に関係するが、危機に当たって情報を公開する方針を貫いたことである。

タイレノール事件におけるJ&J社の対応は、以後クライシスコ

ミュニケーションおよび危機管理の模範的な例としてしばしば引用される。日本も、2000年6月の異物混入脅迫事件において、参天製薬は、この事例を参照して対応したとされている。この時、警察は事件を公表しないように要請したとされるが、参天製薬は消費者への影響を考慮して公開に踏み切った。J&J社の例でも、当時米国医薬品食品局とFBIは、類似犯罪をあおるとして製品の回収を行わないように勧告したとされるが（ミトロフ、Mitroff, 2001）、J&J社はこの勧告に従わず回収を行っている。いずれも、クライシスコミュニケーションにあって、情報公開が対応の鍵となっている。

これに対して代表的な失敗例とされるのは、1989年のエクソンバルディーズ号の原油流出事故である。この事件では、次の3点がクライシスコミュニケーション上の問題とされた。第1点は、エクソン社の会長の傲慢な発言を含む不適切な言動である。第2点は、マス・メディアに対して情報を十分に提供しなかったため、マス・メディアとの関係が非常に悪化したことである。第3点は、エクソン社内での広報部の位置づけがきわめて低く、平時から広報活動を十分に行っていなかったことである。そのため、緊急時においても広報の情報が共有されず、異なった内容の情報が1つの組織から提供されることになり、これが結果として情報に対する信頼を損なった。

タイレノール事件とエクソンバルディーズ号事件は、ともに、クライシスコミュニケーションにおいて、積極的な情報の提供が重要であることを実感させる事件であった。ちょうど同じ時期にリスクコミュニケーションという新しい概念が出てきたこともあり、情報を公開するという社会的な動きが高まった。

ただし、2001年の9.11テロ以降の政治情勢の変化は、危機の概念の再考を迫っている。すなわち、軍事的な意味あいが重要視されるようになってきたということである。しかし、この変化は、かつての軍事色の強い危機の概念の復活ということではなく、1980年代以降の社会の変化も含めた危機概念の再考といえる。

❷ クライシスコミュニケーションとは

(1) クライシスコミュニケーションの定義

ここがポイント！

1 危機に当たってどのようにコミュニケーションをするのかを考える
2 危機発生前から周到に準備されるべきもの

【分野で異なるクライシスコミュニケーションの定義】

①広報の分野
　ある組織が危機に陥ったときの適切なコミュニケーション
②警察、消防、軍事の分野
　災害、事故、戦争の際の情報収集や、人々の行動制御のための情報管理に関心がある

【クライシスコミュニケーションの目標】

迅速に事態を収束し、損なわれた印象を回復すること

2 クライシスコミュニケーションとは

(1) クライシスコミュニケーションの定義

　クライシスコミュニケーションの定義は、さまざまである。定義に差が出てくるのは、それぞれの言葉を使う分野の違いと、危機が何であるか、その定義の違いによるところが大きい。クライシスコミュニケーションの用語を使うのは、主に広報（パブリック・リレーションズ）の分野、警察、消防、公衆衛生、外交などの災害や事故に対応する分野である。広報の分野では、ある組織（企業や行政）が危機に陥ったときに、どのように適切にコミュニケーションを行うかが議論されてきた。警察や消防、あるいは軍事の分野もそうであるが、災害や事故、戦争（あるいは開戦前）の際の情報収集（諜報）や、人々の行動制御のための有効なコミュニケーション方法が議論されてきた。また、災害や事故の分野では、特に事故発生時のコミュニケーションについて、緊急時コミュニケーション（エマージェンシー・コミュニケーション）という語が使われる場合もある。

　コミュニケーションの技術を検討する心理学やマス・コミュニケーション研究の分野では、1980年代から使われるようになってきたリスクコミュニケーションよりも前にクライシスコミュニケーションという用語は存在していた。すなわち、危機に当たってどのようなコミュニケーションを行うのか、その技術が議論されてきた。

　クライシスコミュニケーションは、基本的には、危機において、できるだけ迅速に事態を収束し、損なわれた印象を回復することを目標に行われる。この目標を達成するために、情報の加工や隠蔽を行うかどうかには議論があることには注意しなければならない。情報管理を正当と考えるかどうかについては、クライシスコミュニケーションの戦略だけではなく、それを受容する社会の価値観が影響する（次項「考え方の変化」を参照）。

(2) クライシスコミュニケーションとリスクコミュニケーション

ここがポイント！

1. 同じと考える立場と区別する立場がある
2. どちらの立場をとるにしても、事前のコミュニケーションの失敗が危機を招くことにつながる

ケアコミュニケーション	コンセンサスコミュニケーション	クライシスコミュニケーション
科学的に明らかになっていることについての情報提供が中心	リスクについて社会全体として意思決定するために行われる	差し迫った危険についてのコミュニケーション
例：医師の患者へのアドバイス、労働衛生のための情報提供、など	例：環境影響評価に基づく意思決定、医療政策についての合意に基づく意思決定など	例：災害、工場の事故、パンデミック（爆発的流行）などの際の情報提供

図2 リスク・コミュニケーションの分類（ランドグレンとマクマキン、1998）

日本においては、近年問題発生時の記者会見をはじめとするマス・メディア対応をクライシスコミュニケーションととられている場合がある。それはクライシスコミュニケーションの中でもきわめて短期的な戦術的部分であって、クライシスコミュニケーションは、本来問題発生前から周到に準備されるべきものである（エリオット、Elliot, 2006）。

(2) クライシスコミュニケーションとリスクコミュニケーション

　クライシスコミュニケーションとリスクコミュニケーションの分類については、必ずしも意見が一致しているとは限らない。大きく分けるならば、リスクコミュニケーションの1つとする立場と、別物と考える立場とがある。また、これらを区別なく並列的に使う場合もある。

　リスクコミュニケーションの1つと考える立場の代表的なものとして、ランドグレンとマクマキン（Lundgren & McMakin, 1998）の分類がある（図2）。彼女らは、リスクコミュニケーションを機能により3分類している。それらは、ケアコミュニケーション（care communication）、コンセンサスコミュニケーション（consensus communication）、クライシスコミュニケーション（crisis communication）である。

　ケアコミュニケーションとは、科学的な証拠に基づき、リスクを管理するために行われるものである。リスクについての情報提供がコミュニケーションの中心になる。この意味でどちらかといえば一方向的である。

　コンセンサスコミュニケーションとは、リスクを管理するための合意（コンセンサス、consensus）を目指すコミュニケーションである。関係者の参加によって、リスク問題の解決が図られる。双方向的なコミュニケーションであるといえる。

　クライシスコミュニケーションは、問題が発生している最中と事後のコミュニケーションであり、災害や、工場の事故、パンデ

危機発生

← リスクコミュニケーション ｜ クライシスコミュニケーション →

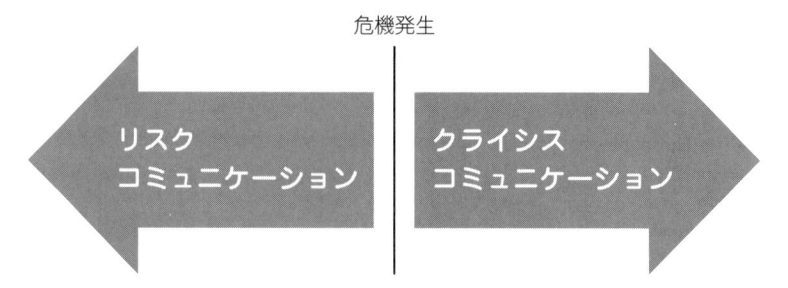

図3　リスクコミュニケーションとクライシスコミュニケーションを発生時期によってわける分類方法

ミックなどが含まれる。潜在的な危機に備える、すなわち、事故が起こる前のクライシスコミュニケーションは、この分類では、ケアコミュニケーションかコンセンサスコミュニケーションのどちらかに分類される。どちらに分類されるかは、当事者の参加の程度で区別される。当事者の参加が低いものがケアコミュニケーション、高いものがコンセンサスコミュニケーションである。

リスクコミュニケーションとクライシスコミュニケーションとを区別する立場は少なくないが、どの点が違うかに関して、注目する点に違いがある。以下に代表的なものを4つあげる。

①時期によって分けるもの。すなわち、危機が起こる事前のコミュニケーションがリスクコミュニケーションであり、危機が起こって以降がクライシスコミュニケーションと考える考え方である（図3）。上記のランドグレンとマクマキンの定義は、リスクコミュニケーションの1つにクライシスコミュニケーションがあると考える立場であるが、時期を区切ってクライシスコミュニケーションを考えているという点ではこの分類に属するともいえる。

ただし、クライシスコミュニケーションを危機発生以降のコミュニケーションと考える立場に立っていても、事前のコミュニケーションが重要であると考えていることに変わりはない。代表的には、ウルマーら（Ulmer et al., 2007）は、リスクコミュニケーションの失敗は危機を引き起こすと述べている。

②リスクコミュニケーションの相互作用的な性質に注目するもの。すなわち、リスクコミュニケーションは、米国研究評議会（National Research Council, 1989）の定義によれば、「個人や、集団、機関間での情報や意見のやりとりの相互作用的過程」である。それは単なる情報交換や情報伝達なのではなく、関係者がお互いに影響を及ぼし合う相互作用的な対話である。これに対して、クライシスコミュニケーションには、この相互作用が含まれていないとする立場である（ウルマーら、2007）。

③緊急時における人間行動に対するモデルの差異によるもの。

表1　リスクコミュニケーションとクライシスコミュニケーションの違い一覧（レイノルズとシーガー、2005）

リスクコミュニケーション	クライシスコミュニケーション
起こりうる将来に焦点がある	起こりつつある、あるいはすでに起こった特定のできごとに焦点がある
危機を避けるために立案される	できごとの帰結を説明し、責任を明確にするために立案される
すでにある知識をもとにした、起こりうるできごとについてのメッセージ	起こったできごとについて、それがなぜどのようにして起こったのかについてのメッセージ
長期の計画に基づいてメッセージが立案される	目の前のできごとについての短期的なメッセージに焦点
科学者や技術者からのメッセージ	行政官などの、当局からのメッセージ
リスクの受容について決定ができるように、おもに個人を対象とするメッセージ	影響を受けるコミュニティ全体にメッセージを出す
時間があるので、啓発のためのキャンペーンなどを実施することができる	記者会見や、プレスリリースのような短い時間で情報が得られるような手段が使われる
慎重に作成され、管理される	危機に応じて、自然発生的に展開する

このモデルには2つあり、緊急時には人間が非理性的に行動すると考えるモデルと理性的に行動すると考えるモデルである（詳しくは、第4部第1章「群集行動」参照）。この理性と非理性の2つの対立する考えは2つの異なる緊急事態の対応策に行きつく。

　それは創発能力モデルと命令統制モデルである。前者は緊急事態においても人間の理性や柔軟な適応能力や自発性が維持されることを前提とするものであり、後者はそのようなものが失われることを予期した対策である。

　命令統制モデルは命令系統が厳格である軍隊のような組織を想定する。このモデルは緊急時の社会的混乱発生の必然性、事態に対処すべき個人や組織の能力の低下、人間の意思決定能力や市民社会に対する不信を前提としている。そして官僚組織的構造やルールの厳格な運用と、場当たり的対策ではなくきちんと文章化された官僚組織的な手続きこそ効果的な対応策であるとする。マスコミの報道や役所の災害対策もこのモデルに沿っていることが多い。

　それに対して、創発能力モデルは非官僚的なゆるやかに統合された柔軟な組織こそ緊急時の人々の要請に応えうることを強調する。前者のモデルの立場に立つものがクライシスコミュニケーション、後者のモデルの立場に立つものがリスクコミュニケーションである。警察や軍隊、消防など、官僚的構造の組織では、クライシスコミュニケーションの用語が、緩やかな組織を前提とした市民社会では、リスクコミュニケーションの用語が使われることになる。

　④この他、複数の違いを挙げるものもある。たとえば、レイノルズとシーガー（Reynolds & Seeger, 2005）は、8つの違いを挙げている（表1）。

　並列的に考える研究者は多くはない。リスクコミュニケーションという概念が出てきた当初には、両者が並べて論じられることもあったが、現在ではこのように考える研究者は少ない。

第2部

クライシスコミュニケーションの実際

1 基本的な考え方

(1) 基本原則

ここがポイント！

1 クライシスコミュニケーションにおいては、一般的なコミュニケーション技術が前提となる
2 特に、事前の情報収集が重視される

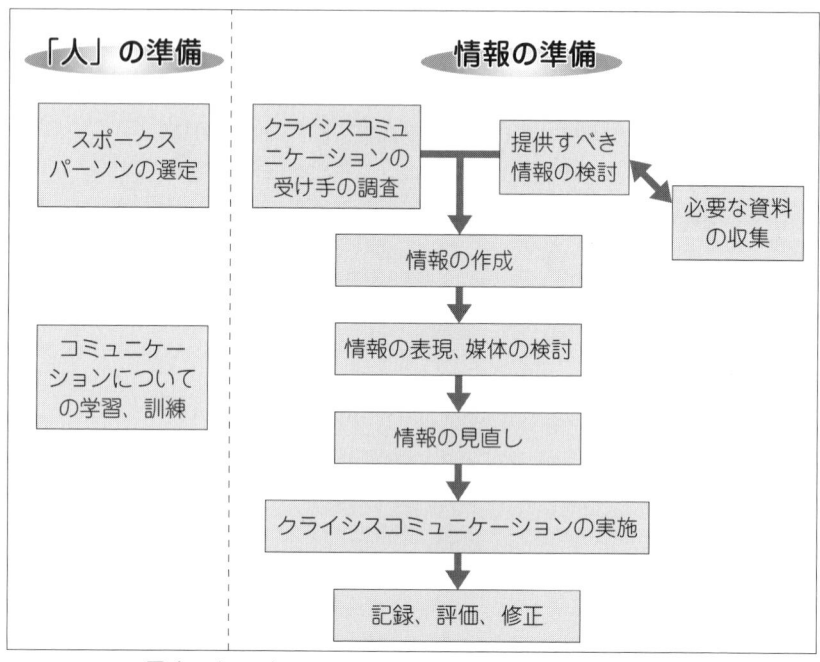

```
「人」の準備          情報の準備

┌──────────┐   ┌──────────┐      ┌──────────┐
│ スポークス   │   │ クライシスコミュ│ ──→ │ 提供すべき  │
│ パーソンの選定│   │ ニケーションの │ ←── │ 情報の検討  │
└──────────┘   │ 受け手の調査  │      └──────────┘
                └──────────┘              ↕
                     ↓                ┌──────────┐
                ┌──────────┐          │ 必要な資料 │
                │ 情報の作成  │          │ の収集    │
                └──────────┘          └──────────┘
                     ↓
┌──────────┐   ┌──────────┐
│ コミュニケー │   │ 情報の表現、 │
│ ションについて│   │ 媒体の検討  │
│ の学習、訓練 │   └──────────┘
└──────────┘        ↓
                ┌──────────┐
                │ 情報の見直し │
                └──────────┘
                     ↓
                ┌────────────────┐
                │クライシスコミュニケーションの実施│
                └────────────────┘
                     ↓
                ┌──────────┐
                │ 記録、評価、修正│
                └──────────┘
```

図4　クライシスコミュニケーションの大まかな流れ

1 基本的な考え方

(1) 基本原則

　クライシスコミュニケーションも、一般的なコミュニケーションの1つであるといえる。したがって、クライシスコミュニケーションにおいては、一般的なコミュニケーションについての知識や技術が前提となる。

　クライシスコミュニケーションの一般とは異なる特質を挙げると、危機の徴候をできるだけ早く察知するための事前の情報収集が、他のコミュニケーションにも増して重要視されているところである。この情報収集には、危機を予見するだけでなく、周到に用意されるべきコミュニケーション計画のための情報収集（市民の意識調査など）も含まれる。図4にクライシスコミュニケーションで実施すべき主な項目を示した。

(2) クライシスコミュニケーションにおける情報収集と分析の重要性

　クライシスコミュニケーション戦略を立てるためには、事前の情報収集と分析が必要となる。すなわち、情報のスキャン（scan）とモニター（monitor）の2つが基本となる（クームズ、1999）。スキャンとは、レーダーにたとえられるが、数多くの情報源にあたって広範に情報を収集しておくことである。一方モニターは、スキャンした情報の中から、危機につながると判断される情報を選択し、注視しておくことである。そのための仕組み作りが重要である。

　スキャンされない情報はモニターされないから、いかにうまくスキャンするかが鍵となる。たとえば、J&J社の例でいえば、広報担当者が新聞の問い合わせが来たという連絡を受ける仕組みがあったために、その後の迅速な対応につながったのである。一般的には、専門家の持っている科学的な情報はもちろんのこと、マ

表2　クライシスコミュニケーション10か条（ウルマーら、2007による）

クライシスコミュニケーションの目的を決めよう。
危機の前に、組織にとって大切なグループあるいは組織と、真実に対等な協力関係を築こう。
危機に際しては、メディアを含む利害関係者を協力者として認めよう。
各組織は、第1・第2の利害関係者と強力に前向きな協力関係を築く必要がある。
効果的なクライシスコミュニケーションには、利害関係者に耳を傾けることも含まれる。
危機について早くからクライシスコミュニケーションを行おう。不確実性を認めよう。現在・未来の危機についてやりとりを続けることで、人びとを安心させよう。
十分な情報が手に入るまでは、人びととメディアに対する明確ではっきりとした答えは避けよ。
危機が及ぼし得る衝撃について、利害関係者を過剰に安心させてはならない。
危機の最中、人びとは自分でできることを含む、有益で実践的なコメントを求める。
危機管理者は、組織的危機から前向きな要素が生まれることを認めよう。

（2）事前の情報収集と分析の重要性

ここがポイント！

1　クライシスコミュニケーション戦略のためには、情報収集と分析が決め手
2　情報収集にあたっては、スキャンとモニターが重要

危機の予見、周到なコミュニケーション計画のための基本
【基本1】スキャン：数多くの情報源にあたり、広範に情報を収集すること
【基本2】モニター：スキャンした情報の中から、危機につながると判断される情報を選択、注視すること

ス・メディアで伝えられる情報や、消費者の関心や意見、企業やNGOなどさまざまな利害関係者が持っている情報にあたるべきである。たとえば、人びとが健康危機管理に関する問題についてどのように考えているのかは、スキャンをしておくべき情報に含まれる。これらの具体的な方法については、後に述べる。

　危機につながりそうな情報はモニターしておかなければならない。情報をきちんとモニターしておかないことが危機を招く。例として、日本における中国産の食品にまつわる一連の問題が挙げられる。2007年春から中国産のペットフードがアメリカで事故を起こしていたことや、おもちゃ、歯磨きなどにも同様に違反物質が入っていたことが指摘されていたのにもかかわらず、日本においては、2008年1月の餃子問題発覚まで、アメリカなど他国の問題と考えられていた。しかし、この情報の連鎖を慎重にモニターしていれば、日本についても類似の問題が起こる可能性は検討されるべきであったと考えられる。

　情報収集の方法として、問題があることを通報する制度を活用することもある。ただし、通報制度は常にうまく機能するわけではない。通報されても、それが放置されることが少なからずあるからだ。アメリカでの2001年9.11テロにおいて、FBIの中にテロにつながる情報があったのにもかかわらず、これに対して適切に対処しなかったことがのちになって判明している。日本でも東京電力のシュラウド隠しは、通報されてはいたが、約2年間無視されていた。さらに、当事者が善意でないと通報されないという問題もある。たとえば、2004年京都の鳥インフルエンザ問題では、内部告発があるまで、行政は鳥が大量に死んでいることを把握することができなかった。しかし、本来クライシスコミュニケーションが戦略的であるためには、善意の通報者に頼るだけではない仕組みを構築すべきであろう。

(3) 実態把握

> **ここがポイント！**
> 1 利害関係者のリストアップが重要
> 2 提供すべき情報は、受け手の調査と科学的な情報との2つの視点から検討する
> 3 受け手の調査の方法は主に3通りある

社会調査調査 （アンケート調査）	●全体の傾向を量的に把握できる ●きちんと設計されている必要がある ●調査対象者の選択に注意する
フォーカス・グループ・インタビュー （小規模の意見調査）	●意見を知りたい対象者がはっきりしているときに特に有効 ●調査対象者の選択に注意する
問い合わせや質問の分析	●窓口への問い合わせや、質問を記録しておく ●積極的に意見を述べる人の考えを反映している点で、データに偏りがあることに注意する

図5　人々の意見把握の方法

(3) 実態把握（クライシスコミュニケーションの受け手の調査）

　まず、クライシスコミュニケーションをはじめる前に、利害関係者のリストアップをしておくことが重要である。この作業において、危機の規模が大きくなればなるほど、マスコミが重要な利害関係者としてあがってくる。しかし、影響を受けるという視点に立てば、住民は一番の利害関係者と考えられるべきである。クライシスコミュニケーション計画もこの視点でたてられなくてはならない。

　提供すべき情報は、2つの視点から検討しなくてはならない。1つは、情報ニーズの分析も含むクライシスコミュニケーションの受け手の調査である。もう1つは、危機に対して適切な行動がとれるように、科学的な視点から提供すべき情報を検討することである。後者の情報を検討するにあたっても、現在住民がどのような知識を持っているのかについての確認が必要になるのはいうまでもない。

　情報の受け手が何を知識として持っており、何を知りたいと思っているかを把握するための方法としては、主に3つの方法がある（図5）。すなわち、社会調査（いわゆるアンケート調査）、小規模なインタビュー（フォーカス・グループ・インタビュー）、窓口への問いあわせや質問の分析である。

　社会調査は、市民の意見を量的に把握するのに優れた方法である。一般的には、国民的な規模で社会調査をする場合は、厳密な標本抽出手法に基づいた調査を行うことが標準的である。社会調査については、質問項目の設計によって、その成否が左右される。また、質問項目の表現如何によっても結果が大きく異なる。したがって、社会調査の設計の知識のある者による調査である必要がある。また、一般消費者の意識は、社会的な問題の発生や価値観の変遷に影響を受けるので、社会情勢が変化したと考えられる場合には、再度調査を行うことが望ましい。さらに、大規模な調査

は非常に費用がかかるので頻繁に行うことは難しいが、小規模の調査を継続的に行っておくと、変化の傾向が把握できるので、将来起こりうる問題の予想のためは、重要な資料となる。

ただし、社会調査は全体的な傾向を量的に把握するのには優れた方法だが、意見の質的な把握には適していない。調査票に自由回答欄を含めれば、この問題はある程度解決可能だが、回答する側から見ると回答が面倒なため、調査拒否や記入漏れにつながりがちである。したがって、多くの場合社会調査では、選択肢で回答させる質問が多くなり、調査設計者が想定した範囲内の結果しか得られないという欠点がある。また、そもそもどのような意見が出るかすら予想できないような場合は、調査の設計そのものが困難であることも多い。

そこで、社会調査を補完する方法として、フォーカス・グループ・インタビューがある。社会調査の結果を補うために、または社会調査の実施前に、数人から十数人のグループでインタビューを行っていく方法である。特に、クライシスコミュニケーションの対象者がはっきりしている場合、この方法は有効である。フォーカス・グループ・インタビューでは、参加者は自由に発言ができるので、アンケート調査では把握できない意見を知ることができる。実際の調査は、質問の流れを検討して計画されて、実施される。

問い合わせの窓口を持っている場合には、問い合わせの内容を記録し蓄積することによって、人々の意見をある程度把握することが可能である。実際に企業のいわゆる「お客様窓口」では、このことが実践されており、意見の定期的な分析が行われている。問い合わせの窓口がない場合でも、意見交換会などの場で出てきた質問を記録しておくことで、同様の分析が可能になる。ただし、この手法の欠点は、積極的に窓口に問いあわせたり、意見交換会で発言したりする人の意見しか把握できないことである。特に、批判的な意見や否定的な意見をわざわざ窓口まで伝える人は少ないから、把握できる意見がある程度偏っていることは認識してお

かなければならない。

　窓口への問い合わせは、事前の情報収集だけではなく、健康危機が発生した後でも重要な情報源である。具体的には、危機が発生した後に、コールセンターを設置し、そこへの問い合わせの内容を記録・分析しておくことは、クライシスコミュニケーションを立案したり修正したりするための重要な手がかりとなる。

❷ コミュニケーション技術

(1) 資料の作成

> **ここがポイント！**
>
> 1 相手の視点に立って、相手の知識を見積もっておく
> 2 略語を使っていないかどうか念入りにチェックする
> 3 説明の冒頭に概略や進行順序を説明する
> 4 できあがった資料を公表する前に、予備知識のない人にチェックをしてもらう

(2) 言語表現

> **ここがポイント！**
>
> 1 相手に正確にわからせ、誤解を与えない
> 2 確率の伝達に気をつける
> 3 文字通りの内容が伝わるわけではなく、推論が生じることに注意する
> 4 丁寧さにも注意する

2 コミュニケーション技術

ここでは、一般的なコミュニケーション技術すべてについて紹介することができないので、クライシスコミュニケーションに重要であると考えられる主要な知識および技術について紹介する。さらに詳しく知識を得たい場合は、「健康リスク・コミュニケーションの手引き」(吉川編、2009)を参照されたい。

(1) 資料の作成

資料を準備するにあたっては、職業、学歴、ライフスタイルなどから、読み手の知識を見積もっておく。この点についても、あらかじめ調査をしておくことが望ましいのは言うまでもない。

用語に関して、過度に専門用語を使ってはならない。それに加えて、注意すべきなのは、その分野独自の略語の使用である。特に、使用頻度の高い用語については、略語を用いることがしばしばあり、使っている本人は気がつかないことがある。

資料が長大なものになるときには、最初に資料の概要や進行順序を示す。資料を作成したら、予備知識のない人に聞いてもらい、わかりにくいところがあるかどうかチェックしてもらう。この時、マス・メディア関係者にチェックをしてもらう機会があればなおよい。

(2) 言語表現

さまざまな事象についてリスクを伝達するとき、言語抜きには考えることができない。新型インフルエンザのリスクを伝える際、言語的には次のようなことを考慮する必要がある。

a. 相手に正確に分からせること、誤解を与えないこと
b. 確率をどのように伝達するか
c. 言語から推測される文字通りではない内容に注意すること
d. コミュニケーションの感じの良さ

相手に正確にわからせ、誤解を与えないための注意点
・情報の受け手の知識を見積もる→相手の視点に立ち用語、説明を準備する
・過度に専門用語、略語を使わない
・説明に入る際は大枠や話の進行順序を示す／途中でポイントを予告する
・予備知識のない人に予め聞いてもらってチェックする

クライシスコミュニケーションは、対面、Eメール、説明書など、さまざまな手法で行われる。ここでは、口頭のコミュニケーションを第一に考えて「話し手」「聞き手」のように記した部分が多いが、その場合もとくに断らない限り文字コミュニケーションにも当てはまる。

a. 相手に正確に分からせる。誤解を与えない。

　コミュニケーション場面に臨むに先だって、情報の受け手の知識を見積もっておく。その上で用いる用語や背景的な説明をどう準備するかを考えるべきである。専門家は自分の経験に基づいてこんなことは当然相手も知っているだろう、とか、この説明の仕方で相手にわかるはず、と判断しがちである。あくまでも相手の視点に立つ必要がある。

　用語に関して、過度に専門語を使ってはいけないことは意識しやすいであろうが、もう一つ注意する必要があるのが、その分野独自の略語の使用である。使用頻度の高い長い用語に関しては「塩ビ」「ウロ（ウロビリノーゲン）」のように、略語を用いることがしばしばである。略語は身内の間では気楽に使っているし、くだけた感じである。部外者には分かりにくいと気づきにくい可能性がある。

　説明に入る際には、全体の説明に先立って、

　　本日はウィルスのヒトへの感染リスクについてお話しします。

というように大枠や話の進行順序を示すほか、途中でも、

　　次に、ウィルスのタイプについて説明します。

【確率の伝達について、これまでにわかっていること】

①危機の事態が重大な時は、過小に受け取られやすい
②中程度の確率判断には、個人差が現れやすい
③確率の予想が外れた場合、特にネガティヴな方向の外れは信頼度を低くする
④確率に関する情報は理解されにくいので、言語的表現と確率の図示の併記をすることが望ましい

確実でないことを伝えなければならない場合の留意点
①×又聞き表現(～思うんですが/聞いていますけど)
　○(～と確認しています)
②不確実な場面では、対応を明確に示す。
　○(ただし不確定な部分もあるので、調査を急いでいます。)
③確認を明確化する。
　×(その点は担当者でないとわかりません。)
　○(担当者に確認してできるだけ早くお返事します。)
④過度の断定はかえってマイナスになりうる。
　×(絶対問題はありません。保証します。)
⑤不確実な表現は、とりわけ注意が必要である。

最後に、今後の対策についてお話しいたします。

というように、ポイントを予め知らせる。

　説明文を作成したら、身近であまり予備知識のない人に予め聞いてもらい、分かりにくいところをチェックする。
　口頭で説明する場合、途中で確認をする。全部を話し終わってからというのでなく、できるだけ小さい単位で区切って行くほうがいい。そのほうが勘違いについて早く軌道修正ができる。質問を求めても内容が理解できない場合は、どのように質問してよいか言語化できないこともある。漠然と、

　　何かご質問はありませんか？

と問いかけるのではなく、

　　鳥の疾病の兆候として３点挙げましたが、よろしかったでしょうか？

のように理解のポイントと思われることに関して具体的に確認した方がよい。

　多人数に対して説明する場合や文書のみの説明ではフィードバックは得にくくなる。事前の準備でとくに配慮が必要である。

b. 確率の表現

　確率を言語でどのように表すか、という点に関連する問題を述べる。
　確率を言語で表現する場合、確率の評価は事態の重大性によって異なり、重大であるほど過小評価される可能性がある（吉川・

岡本・菅原、1999)。

　確率判断には曖昧さが生ずる可能性がある。とくに中程度の確率の場合は、人によって高めに見積もったり低めに見積もったりする、個人差も現れやすい（竹村、1990)、ということを予め考えに入れておくべきであろう。

　確率的な予想をしたことが外れた場合には、話し手の信頼性は揺らぐおそれがあるが、その場合の影響はどんな方向に外れたかにもよる。ポジティブな方向への外れ（例：医師によるガンの再発の予想確率は高かったが結局再発しなかった）とネガティブな方向への外れ（例：再発の予想確率は低かったが結局再発した）を比較すると、後者の場合のほうが、話し手の信頼度は低く評価されるという結果が報告されている（田中、1993)。つまり、十分な根拠がないのに安易に楽観的な予想をすると、信頼が揺らぐ可能性がある、ということになる。

　確率を数字で伝えたいときには、数字と言語的説明を併記する、あるいは、言語的表現と確率を図示したものを併記すると分かりやすくなる。

【不確実な事柄を伝達する場合の留意点】

　実際には確実でないこと、明確でないことを伝えなければならない、という状況もある。そうした場合に、不信感を招いたり、誤解をもたらしたりしないようにする必要がある。

　また聞き表現は不信感を招く。たとえば住民に鳥インフルエンザのリスクを説明する場合、説明者自身が専門家から聞いたことを説明するとしても、次のようなまた聞き表現は不信感を招きかねない。

　　　鳥から人への感染については、心配がないように思うんですが。
　　　鳥から人への感染については、心配がないように聞いていますけど。

このような信頼性の低下は、それは単にその部分の説明だけでなく説明全体の信憑性を低める危険性がある。問題がないことを専門家から確認しているのなら、

　　鳥から人への感染については、心配がないと確認しています。

と明確に述べる。

　不確実な場面では、対応を明確に示す。

　　鳥から人への感染については、現時点では問題が生じていません。ただし不確定な部分もあるので、調査を急いでいます。

　確認を明確化する。担当者に確認しないとわからない場合も、単に

　　その点は担当者でないとわかりません。

というような言い方でなく

　　担当者に確認してできるだけ早くお返事します。

のような言い方にすべきである。

　過度の断定はかえってマイナスになりうる。かなり確信があっても、

　　鳥から人への感染については、絶対問題はありません。保証します。

というように、過度の強調をすると、受け手によっては「なぜそんなに強調する必要があるのか」と、かえって不信感を抱く場合もあるので、注意すべきである。

c. 文字通りでないことがらが伝わることに注意する

コミュニケーションにおいては、字義的内容だけが伝わるのではない。その中には論理構造や意味から、必然的に推測できるものもある。たとえば、

　　　花子は太郎より背が高い。

からは、

　　　太郎は花子より背が低い。

が推測できる。こうした論理や意味による推測は必然的に成立する。
　しかし、ことばから導かれる推測の中には話し手と聞き手の知識や、会話の場面から生ずるものもある。たとえば、

　　　（私は）５万円持っています。

からは、

　　　（私は）５万円を超えては所持していない。

が推測されることが多いが、

　　　Ａ：手付け金として５万円をいただくことになります。お持ちあわせでしょうか？

Ｂ：ええ、今日、５万円持っています。

という対話では、「５万円を超えては所持していない」という推測は生じないだろう。
　このような会話者の知識や状況からもたらされる、必然的に成立するのではないし、あとで取り消すことも可能な推測（「推意」という）にも注意しなければならない（グライス、Grice, 1975）。
　ここでは典型的なタイプを３種紹介する（レビンソン、Levinson, 2000）。これらは、リスクを説明する場合にも当然影響する。例を挙げてみよう。

　まず拡充型の推測は「普通の言い方をすることで、内容を典型的な方向にふくらませた推測が生じる」というものである。（＋＞以降は、生じる推論）

　　この養鶏場では感染は確認されていません。＋＞他の養鶏場では確認されている。

　「ＰならばＱ」から「ＰでないならばＱ」を推測するものも拡充型の例である。

　　敷地内に立ち入ると感染の可能性あります。＋＞敷地内に立ち入らなければ感染の可能性はない。

　限定型の推測は「弱い主張をすることで、強い主張が当てはまらないという推測が生ずる」というもので、上の５万円の所持金の例がそれにあたる。

　　数日間で一部の鳥が死ぬ可能性があります。＋＞鳥すべてが死ぬような被害は出ない。

ここがポイント！

1. きちんと伝える意図があっても、もって回った言い方をすると、思いも寄らない推測が生じることに注意する
2. 思いも寄らない推測を招かないためには、あらかじめ何人かの人（できればあまり事情に詳しくない人）に説明予定の分を示し、推測をチェックする

文章からの推測（推意）のパターン

拡充型、限定型、非典型型

拡充型 …普通の言い方をすることで、内容を典型的な方向にふくらませた推測が生じる

例）敷地内に立ち入ると感染の可能性があります。
　　→敷地内に立ち入らなければ感染の可能性はない。
　　この養鶏場では感染は確認されていません。
　　→他の養鶏場では感染が確認されている。

限定型 …弱い主張をすることで、強い主張が当てはまらないことが推測として生ずる

例）数日間で一部の鳥が死ぬ可能性があります。
　　→鳥すべてが死ぬような被害は出ない。

例）感染すると咳やくしゃみが出ることがあります。
　　→致死的な症状は出ない。

非典型型 …通常でない形式の表現で主張することで、典型的な場合ではないとの推論が生じる

例）感染が確認されたというような話があるわけではありません。→何か問題がある。

感染すると咳やくしゃみが出ることがあります。+>致死的な症状は出ない。

　非典型型は「通常でない形式の表現で主張することで、典型的な場合ではないとの推測が生じる」というものである。

　下の例の各組の上が非典型型の推測が生ずる例で、下が通常の言い方である。

　太郎の口の両隅が、少し上のほうに曲がった。+>作り笑いをした。
　太郎は笑った。

　感染が確認されたというような話があるわけではありません。+>何か問題がある。
　感染は確認されていません。

　H7N3ウィルスについて言えば、今回いろいろと調査をした結果としては、ヒトに重大な疾病を生じさせたという事例は見いだせませんでした。+>調査の仕方次第では問題が生じうる。

　H7N3ウィルスについて言えば、調査の結果ヒトに重大な疾病を生じさせた事例は見いだせませんでした。

【伝達上の留意点】
　①推論をふくらませてしまう事例（拡充型推測）は多い。リスクを伝える場合にも留意すべきである。

　②弱めに言うと、強い危険はないと推測してしまう場合がある

（限定型推測）。危険が大きい可能性があれば明示すべきである。もし実際に問題が生じた場合、論理的には危険性が低いとは言っていないと主張しても、相手は言い逃れと受け取るだろう。

　③きちんと説明しようとする意図であっても、持って回った言い方をすると、非典型型の推測が生じて「背後に何かある」という印象を与えてしまうことがある。できるだけそうした言い方は避けるべきである。

　④実際のコミュニケーションに先だって、予め何人かの人（できればあまり事情に詳しくない人）に説明予定の文を示してみる、という対策は、推意をチェックするために有効であろう。

d. 感じのよさへの配慮

　コミュニケーションの感じが悪いと、内容も信用されなくなるおそれがある。ここでは、丁寧さと謝罪の表現について述べる。

【丁寧さ】
　①適度に丁寧にする。とくに、話しことばでは敬語の規範（ルール）に従う。

　②敬語を用いる中でも、間接性の相違がある。

　　半径5km以内には立ち入ってはいけません。
　　半径5km以内には立ち入らないでください。
　　半径5km以内には立ち入らないでいただけますか。
　　半径5km以内には立ち入らないでいただけないでしょうか。

　上ほど直接的、下ほど間接的である。直接的な言い方は、相手があまり履行意志が高くないときには、高圧的な印象を与えるこ

とがある。

　③過度に丁寧な言い方は、かえって不信感を招く。尊敬語を重ねるなどして、

　　そうお思いになられるのでございましょうか？

のような言い方になると、こびへつらいの印象を与えかねない。

　　履行意思に問題がないときは、

　　立ち入らないようにしていただくことはできないでしょうか？

など間接性を高めると、かえって嫌味っぽくなることがある。

　④とくに緊急性の高い場合は、直接的な表現のほうが明瞭に伝わる。口頭であれば、

　　感染の危険があります。立ち入らないでください。

のようにいうことが考えられる。
　さらに、掲示の場合は、

　　感染の危険あり・立ち入り禁止。

のように敬語を用いない直接的な表現の方が切迫性が伝わる。

(3) 話し方

ここがポイント！

1. 相手の言うことを直ちに否定しない
2. 相手は自分より知識がないかもしれない、専門的なことはわからないかもしれないという前提で話をする
3. 対面の時には、非言語的コミュニケーションに注意する

人前に出るときに注意することは

　私たちは、日常生活の中で、話している人の話し方（声の高さや話すスピード）、身振り手振りや視線の動き、などの言葉以外の多くの情報もまた、重要な情報として受け取っている。たとえば、その人が話していることが信頼できるかどうかの判断には、情報内容の確からしさのほかに、その人の話し方も判断の基準として用いている。これらの言葉によらないコミュニケーションのことを、非言語的コミュニケーションという。たとえば、身振りが少なくなる、手で顔の部分を触る（鼻を触る、口を押さえる、髪をさわる、など）、姿勢の変化の回数が増加する、など徴候があると、嘘をついていると受けとられることがわかっている。普段このような癖のある人は、動作に少しの注意を払うだけでも人前に出るときの印象をかえることができる。

(3) 話し方

[相手の言うことを否定しない]

　聞き方にもつながることだが、相手のいうことを直ちに否定しないことが重要である。必ずしも正しい知識が一般に広まっていない場合もあるから、相手が正しくない知識をもとに話すことがあるが、それを訂正する場合にも、反論に夢中にならないように気をつける必要がある。

　また、説明の際には、前述したように、専門用語をなるべく使わないことも求められる。こうした話し方をするためには、話す相手は、次の前提で話をする必要がある。

　　ⅰ. 自分より知識がないかもしれない。
　　ⅱ. 専門的なことは分からないかもしれない。

　特に、科学的な問題は、専門用語を使わないで説明することは容易ではない。したがって、やむを得ず専門用語を使うときには、使った直後にその解説をすることが必要である。

　対面で話すときには、市民をはじめとする情報の受け手に対応するときは、非言語的コミュニケーションに配慮する必要がある。同じ内容を伝えていたとしても、コミュニケータの話し方や視線の投げかけ方などで、情報への信頼が異なるということが起こるからである。

　対面の場合には、相手との距離と視線の合わせ方にも注意をはらう必要がある。相手との距離と視線が交わされる量については、距離が近くなるほど視線が交わされる量が減り、距離が増えるほど増えるという暗黙のルールがある。したがって、対応すべき相手が近くにいる場合は、適度に視線をはずし、逆に対応すべき相手が比較的遠くにいる場合は視線をできるだけ交わすように気をつける。距離が近いのにもかかわらず視線を合わせすぎると対立している感じを与えたり、不快感を与えたりすることにな

(4) きき方

> **ここがポイント！**
> 1　「聞く」のではなく、耳を傾けて「聴く」
> 2　話す相手を区別しない
> 3　コミュニケーションする相手を区別しない

【きき方の注意点】

傾聴能力（ただ聞くのではなく、耳を傾けて「聴く」能力）が重要
　→相手の関心を把握できる
　→適切な答（情報の伝え方）を用意することができる

傾聴能力（active listening skills）

臨床心理学者のロジャーズは、傾聴のための3つの態度が重要と指摘している。

①純粋性：聞き手が自分の体験しているさまざまな感情、たとえば相手が理解できない時には、わからないことを隠すのではなく、その気持ちを正直に表明すること。

②無条件の積極的関心：「あなたのポジティブな部分は受容できるが、ネガティブな部分は受容できない」、または「あなたがこれこれ言う場合にあなたのことが好きだ」というように、条件をつけて相手の話を聞かない。

③共感的理解：相手の感情をあたかも自分自身のものであるかのように感情移入して理解することを指す。「もし相手が自分の立場なら」と、置き換えて相手の話を理解するようにつとめる。

る。一方、距離が遠いのに視線を合わせないでいると、問題を隠蔽しているのではないかというような疑いを抱かせることにつながりかねない。

(4) き き 方

[謙虚な態度で聞く]

コミュニケータは謙虚であることを心がける必要がある。「どのように伝えるか」よりもまず、「どのように聞くのか」にこそ注意を払わなくてはならない。

口頭で伝える場合、伝え方が重要であることは言うまでもないが、それよりもまず、相手がどのような関心を持っているかについて把握しなければならない。そのため、事前の調査が重要であることはすでに述べたが、対応の際の聞き方が重要になる。

話し手の傾聴能力も重要であるとされる。傾聴能力とは、ただ聞くのではなく、耳を傾けて聞く能力を指す。傾聴の技法が重要であるのは、それによって、相手の関心が何であるかを知ることができるからである。相手の関心がわかれば、その場に応じて「この相手には、何を、どのように伝えるとよいのか」が明らかになる。相手の考えていることが分からなければ、適切な答（情報の伝え方）を用意することはできない。

(5) スポークスパーソンの選定

> **ここがポイント！**
> 1　前向きな態度の人をスポークスパーソンに選ぶ
> 2　多様な価値観を受容できる人を選ぶ

ドライブ理論

　ドライブ理論は、人と一緒にいるときの行動が、1人でいるときの行動と、どのように異なるかを説明する理論である。

　スポーツ選手の例を挙げよう。スポーツ選手の中には、試合で実力を発揮できる選手と、なぜか実力を発揮できない(と思われている)選手がいる。われわれは本人の性格にその理由を求めがちだが、この理論からはそうはいえない。この理論では、他者といると人は誰でも緊張したり興奮したりするということを前提とする。すなわち誰もが「あがる」のである。このように緊張したり興奮したりすると、人の行動のレパートリーはきわめて狭くなり、優勢反応が現れやすくなる。優勢反応とは、一番良くやっている、あるいはやり慣れた行動である。優勢行動が状況にふさわしければ、状況にうまく対処することができるが、優勢行動が状況にふさわしくなければ、対処に失敗する。スポーツ選手でいえば、どの選手も試合の場面であがるわけだが、そこで実力を発揮できるように見えている選手は、技をよく練習しており、それが優勢行動になっているということなのである。

　この理論から、危機管理においても、通常の行動がいかに重要かがわかるだろう。

(5) スポークスパーソンの選定

　スポークスパーソンの選定は慎重に行わなければならない。もし、スポークスパーソンが以下に述べるような資質を持っていなければ、訓練を行うか、その人物の入れ替えを検討しなくてはならない。
　第1に、ありふれた表現だが、危機管理は「普段やっていないことはできない」ということである。すなわち、人は緊急時に慣習行動をする。これを説明する心理学の理論（ドライブ理論）がある。
　いくら危機管理について知識を得て、理解していたとしても、普段の行動が危機にふさわしくなければ失敗につながるということが、この理論から予測できることである。事例として、1989年にアラスカ湾で原油流出による環境悪化を起こしたエクソン社のバルディーズ号事故の例を挙げる。これは、クライシスコミュニケーションの際に、スポークスパーソンである組織のトップが不適切な振る舞いをしたために、人びとの反感を買った典型的な事例といえる。事故の6日後にテレビに出演したローレンス・ロール会長の態度は、非常に傲慢であると人びとに受け取られたのである。彼はまた、自分のこのような言動が理由の1つとなったエクソン製品のボイコットについても、マス・メディアの報道のせいであると言ってさらに人びとの反感を買った。全体としてエクソン社のクライシスコミュニケーションがうまくいかなかったのには、ロール会長が元々メディアに対して否定的な態度をとっていたため、平常時から広報部の位置づけが低かったことも、失敗の遠因になったと考えられている。また、日本の事例であるが、ある食品会社の社長が、危機の最中に「私だって寝ていないんだから」と発言したことがあった。普段部下に対して、威圧的に振る舞う習慣があれば、テレビカメラの前でも威圧的な振る舞いをしてしまう可能性がある。
　ドライブ理論は、危機に対して訓練の重要性を示唆する理論で

もある。すなわち、危機に当たって適切な対応をするためには、その適切な対応が慣習的な行動となっているように、十分な訓練がなされてなければならない。

　災害における避難訓練の例を挙げよう。一度も通ったことのない避難経路を、いざ災害が起こったときに探して通るようなことは、まずできない。通る習慣をつけておいてこそ、まさかの時にその道をたどることができる。

　同じ理由で記者会見の技術の練習も大事だが、普段のものの見方が技術以上にものを言うことになる。「近隣住民がうるさいことを言う」とか「消費者はわがままだ」「マスコミはセンセーショナルな記事を書く」というように、日頃から人に対して否定的な見方をしている人がスポークスパーソンであると、失言が生まれがちだ。この意味で「本音が出た」と思われても仕方がない。

　第2に、上述の否定的なものの見方にも関連するが、曖昧さに耐えられない人はコミュニケータに向かない。曖昧さに耐えられるかどうか（「あいまい耐性」という）は、心理学では知的能力の一側面ととらえられている。あいまい耐性が低い人は、複数の判断基準を同時に考慮したり、1つの問題についての判断を留保しつつ、他の問題を考えたりすることができない。あいまい耐性が高いか低いかということ自体は、どちらが良いというものではないが、少なくともコミュニケータの適性という視点から見ると、あいまい耐性の低い人は向いていないといえるだろう。クライシスコミュニケーションでは多くの関係者が参加し、その中にはいろいろな価値観や視点を持つ人がいるのだから、そのさまざまな価値観や視点を同時に考慮できる人でなければ、話を進めることは難しい。

(6) 伝達媒体の検討

> **ここがポイント！**
> 1. 多様な伝達媒体を用意する
> 2. マス・メディアの影響を過大視しないよう注意する
> 3. クチコミの影響力に注意する
> 4. クライシスコミュニケーションの相手が明確な場合は、相手にあわせた媒体を選ぶ

【注意点】

①危機時には公的な情報への依存が高いため、多様な伝達媒体を用意する
②マス・メディアの影響を過大視しない
　→報道対応に気をとられ、本来のクライシスコミュニケーション対策がおろそかになる
　→クチコミ（テレビより早いスピードで伝播）の影響力を見逃してしまう

【マスコミ対応に目が行きがちな2つの理由】

①第三者効果：マス・メディアの影響を過大視すること
　　本当に重要な情報を伝えるために直接情報を伝える手段を確保する　例：WEBページ
②利用可能性ヒューリスティックス：記憶に残りやすい事例から頻度判断が上がる現象

(6) 伝達媒体の検討

　危機管理時における主な情報提供機関となるのは、国や自治体などの行政機関になる。そのため、多様なメディアを使って情報を伝達できるように仕組みを整えておかなければならない。

　ただし、ここで注意しなければならないのは、クライシスコミュニケーションの情報の送り手が、しばしばマス・メディアが人びとの考え方や行動に及ぼす影響を過大視しがちなことである。この過大視は、2つの問題を引き起こす。1つ目の問題は、影響が大きくない報道対応に気をとられて、本当に必要なクライシスコミュニケーション対策がとられないということである。2つ目は、1つ目の問題と表裏一体だが、影響力の大きいパーソナル・メディア（クチコミなど）の影響を見逃して、対策がとられないことである。

　マス・メディアの影響力に関して、ここでは詳細にその研究の歴史を紹介することはしないが、20世紀初頭から1930年代頃までのいわゆる「弾丸仮説」（人びとの態度や行動に直接強力な影響を及ぼす）に対して、その影響力は限定的であると見る見方が支配的である。すなわち、マス・メディアは単独で影響を及ぼさず、他のメディアと補完によって、あるいは、受け手の特性によって、影響の及び方が異なることが明らかにされている。

　他方、クチコミに代表されるパーソナル・メディアの影響は、非常に重要であって、クライシスコミュニケーションにおいては、この対策を欠くことはできない。一連のニュース研究は、クチコミに乗ったニュースが、テレビよりも速いスピードで伝播することを明らかにしている。

　また、流言（うわさ）の研究も、うわさの伝播の速さと、その影響力の大きさを明らかにしている（「パニック」の項も参照）。

(7) コミュニケーション手法の検討

> **ここがポイント！**
> 1. 基礎的な知識は、危機が起こる前から提供しておく
> 2. 合意形成が必要なものは、時間がかかることから、きわめて早期から準備する

【事前の準備の重要性】

①危機が起こる前のコミュニケーションが、発生後の成否に影響する
　→事前に住民が理解しておくべき専門用語、知識を伝える
　→危機管理時に実施予定の施策を知らせる

②切迫した危機の状況では専門的な内容を説明できない
　→あらかじめ説明できることはしておく
　→人々の関心を高める啓蒙活動に努力する

③特に、健康危機の場合、公衆衛生やプライバシーの問題など施策について合意形成に時間がかかるため、事前に議論に時間を掛けておくことが重要になる

表3　抗ウィルス薬の優先投与に対する意識調査の結果（成人男女20歳～70歳インターネットモニター468名の回答。吉川ら、2008）

1	医療機関につとめている人や公共機関に勤めている人など、社会的機能を維持する人に優先して投与すべき	146	31.20%
2	体力の弱い子どもに優先して投与すべき	279	59.62%
3	その他	43	9.19%

(7) コミュニケーション手法の検討

　クライシスコミュニケーションというかどうか（すなわち、リスクコミュニケーションとして分類する）、厳密な用語の定義に沿わないとしても、危機が起こる前の普段のコミュケーションが重要であることはいうまでもない。

　特に、直ちには理解が難しいような専門的な用語や知識であっても、事前に住民が理解しておいた方がよいようなものと、危機管理時に実施する予定の施策（意思決定）の2点については、事前のコミュニケーション活動が、危機が発生した後のコミュニケーションの成否に多大な影響を及ぼす。

　時間が切迫しており、対処すべき問題が多いような危機の状況では、専門的な内容を基礎的なことから説明していることは不可能に近いので、あらかじめ説明できることについては、できるだけ説明をしておくことが重要になる。危機が起こる前に、人びとの関心を高めることは容易ではないが、提供する資料の工夫や媒体の適切な選択をしつつ、啓発活動を継続していくことが重要である。このような啓発活動に役立つコミュニケーション技術はすでに数多くある（吉川編、2009）。

　新型インフルエンザのような健康危機の場合には、公衆衛生上の観点から、個人の行動が制限されたり、プライバシーへの配慮が公益に優先されたりすることもある。このような時に実施する施策については、あらかじめ国民の合意、または了解を得ておく必要がある（実態の例については、表3参照）。関係者の参加によって、合意形成がはかられるものの具体的な手法としては、市民の代表が議論をする市民諮問協議会や意見交換会などがある。このような住民関与型の手法は、合意形成までに非常に時間がかかるので、問題が意識された当初から調査を行って意見の実態を把握した上で、きわめて早期から実施する必要がある。

(8) 報道対応

ここがポイント！

1. 「クライシスコミュニケーションはマスコミ対応」は不十分な理解
2. 危機管理者はマス・メディアの影響を過大視しがち
3. 報道の周期的な変化に注意し、事前に資料を準備する

【何がニュースになり得るのかを知る】

1. どの文化にも共通
   a. 生じる時間間隔がニュースメディアとあっている出来事
   b. 強度が強い出来事
   c. 曖昧でない出来事
   d. 意味ある出来事
   e. 期待と合致する出来事
   f. 予期せぬ、稀な出来事
   g. 一度「ニュース」として定義された出来事
   h. すでに多くの海外ニュースがあると、バランスとして海外ニュースは選択されない

2. 北欧、西欧では
   i. エリート諸国に関する出来事
   j. エリートの人々に関する出来事
   k. 特定の個人の行為とみなされうる出来事
   l. 結果がネガティブな出来事

(8) 報道対応

　クライシスコミュニケーションは、マス・メディア対応であるとか、記者会見の手法だと考える人が少なくないが、それはクライシスコミュニケーションのきわめて一部のことしか考えていないといえる。

　マス・メディアは住民に対して情報を伝えてくれる有力なメディアであるが、「クライシスコミュニケーションはマスコミ対応」という人が、なぜそのように考えてしまうのか、その背後にある考え方に注意しなくてはならない。すなわち、マス・メディアはうるさいもの、面倒くさいもの、というように否定的に見ていることが多いと推測される。

　報道対応に目が行きがちな理由として、次の2つの認知バイアス（考え方のゆがみ）が危機管理者にあることが考えられる。

　1つには、一般にマス・メディアが人びとの行動に与える影響を、特に専門家が過大視していることが挙げられる。これを「第三者効果」という。第三者効果とは、「私はマス・メディアの影響を受けないが、私以外の人（第三者）は、マス・メディアの影響を受ける」と考える人びとの認知バイアスをさす。このようなバイアスが生じる理由の1つとして、「自分はマス・メディアの影響を受けない人物である」と言うことで、その人が自尊心を高めているのだと考えられている。特に、自分にとって重要な問題であるとき、自分がその分野について専門的知識があるとき、さらに高学歴者は、第三者効果が大きくなることがわかっている。また、マス・メディアが自分にとってネガティブな情報を提供しているときに、第三者効果が出やすい。危機的な状況では、しばしば記事の正誤を巡っての対立が、マス・メディアと生じることが少なくないので、危機対応者は、その影響を過大視しがちになるといえる。

　本当に重要な情報をきちんと住民に伝えたい場合には、マス・メディアに対して積極的に情報提供をするだけでなく、マス・メ

ディアによる加工がない情報を住民に直接伝える手段も確保しておく必要がある。具体的にはWEBページ（俗に言うホームページ）や住民へのパンフレットの配布、防災無線や携帯のメールを使った情報の配布などである。ただし、WEBページは、かなり頻繁な更新が必要で、更新が頻繁でないと、読者が減少するという点に留意しなくてはならない。

　マス・メディアに対する誤解が生じるもう1つの理由として、おそらく実務家が個別の事例や自らの体験をもとに判断することが多いということも挙げられる。記憶に残りやすいこうした個々の事例からの過度の一般化を、心理的には利用可能性（アベイラビリティ）ヒューリスティックスという。ヒューリスティックとは、人々が用いる簡便な考え方をさす。通常は、たくさんの情報をすべて吟味して判断するのは大変であり、また時間もかかるので、こうした簡便な考え方をとることが多い。また、利用可能性とは、情報として入手できるという意味である。まとめると、利用可能性ヒューリスティックとは、入手できる限られた情報をもとに、情報の詳細な吟味をせずに判断をすることといえるだろう。たとえば、糖尿病と白血病とでは、どちらが年間死亡者数が多いかを人々に推定させると、白血病の死亡者数の方が多いと推定されがちであることが明らかになっている。実際には、糖尿病が原因で死亡する人の方が多いわけだが、われわれは、白血病が原因で死亡する人の話をテレビドラマなども含めて見聞きする機会がより多い。そのため、死亡者数を推定するように求められたとき、記憶に残っていて思い出しやすい白血病の方が頻度が高いと判断になりやすい。

　専門家にも利用可能性ヒューリスティックがあることが指摘されている。特にその領域の専門家であれば、自分にかかわる報道には自ずと目が止まるはずである。したがって、専門家でない他の人々よりは、報道されたこと、およびその内容が記憶に残りやすいのである。現実には、リスクにかかわる報道は多くなされており、その中には社会的な反響がなかった問題も少なからずある

わけだが、それらは記憶されることも、思い出されることも少ない。たとえばフリューワーら（Frewer et al., 2002）は、イギリスで王立医科大学と王立精神医科大学が有機リン酸エステル殺虫剤に曝露することがヒトの健康に悪影響を及ぼすという報告を行ったが、予想に反しマス・メディアの注意をひかなかったという事例を挙げている。

　所沢ダイオキシン報道問題や、BSE、鳥インフルエンザの報道の折の社会的影響をふりかえってみると、報道による影響力の大きさが実感される。しかし、マス・メディアが報道するリスク問題は毎日数が多い。それらすべてを気にとめてはいないし、あるいはすぐに忘れてしまうリスク問題の方が多いかも知れない。実際、薬害エイズ問題や最近のアスベスト問題など、報道はされていながらも、人々が見過ごしてきたリスク問題もある。

　本当に報道の影響があるかどうかは、あるリスク問題が起こる前と後で人々の意見に変化があるかどうかを調べなくてはならない。問題が起こる前にそれを予測して調査をしておくということは難しいので、これはなかなか簡単ではない。スリーマイル島の原発事故前後の世論を調べた調査（メイザー、Mazur, 1984）、1999年のイギリスにおける遺伝子組み換え食品報道の増大の前後の世論を調べた調査（フリューワーら、2002）が、代表的なものである。いずれも、事件の直後にはいったん否定的になった世論が、報道が少なくなるにつれて元に戻ることが確認されている。また、筆者らも、東京電力のシュラウド隠し問題の前後に、市民の原子力に対する態度を調査したが、日本においても同様の傾向であった（藤井ら、2003）。

　つまり、報道は人々の意見を変えるほどの力はなく、報道量の増大が人々の態度を一時的に否定的にするということである。ここで問題になるのは報道の「量」であって、内容そのものはさほど影響を及ぼさない。意外に思えるかも知れないが、肯定的な報道であっても、報道量が増大すると、人々のリスクに対するリスク認知が高くなることが知られている。

このようなことが起こる理由として、同じ利用可能性ヒューリスティックのメカニズムが働いていると考えられる。報道量が多いと、それだけ思い出す機会も増えることになるからである。製品事故の際に最も打撃を受けるのは、類似商品の中でもトップブランドの主力製品であることが指摘されているが、これも「名前が知られている」ために、消費者が事故と結びつけて思い出しやすいためだと説明されている。

　報道への対応を考えるとき、何がニュースになり得るのかを知っておくことは重要である。世界中で起こっているあらゆる出来事のうち、ニュースとして報道されるものはごくわずかであり、何をニュースとして報道するかの取捨選択は日々行われている。ホワイト（White, 1950）によれば、選別過程を通過した出来事のみが最終的にニュースとして報道されるのである。

　それでは、どのような出来事が選別過程を通過し、ニュースとして報道されるのだろうか。このいわゆるニュースバリューについての考察に、ガルトゥングとルーゲ（Galtung & Ruge, 1965）がある。彼らは、どのような出来事がニュースとなるかについて以下のようにまとめている。

　まず、どの文化においても共通する要因として8つの要因を挙げている。

a. ある出来事が生じるのに必要な時間間隔がニュースメディアと合っているほど、それはニュースとして記録されやすい。兵士が戦闘中に死ぬのにかかる時間は短いが国が発展するのにかかる時間は非常に長い。このような長期間かかって起こる出来事は記録されにくい。

b. 強度が強い出来事ほど記録されやすい。ダムが大きいほどその落成は報告されやすく、殺人がより暴力的であるほど見出しは大きくなる。

c. 曖昧でない出来事ほど注意を引きやすい。意味するところがはっきりしている出来事は注意を引く。

d. 意味のある出来事ほど記録されやすい。出来事に目を通すも

のにとって親しみがあり文化的に似ている出来事は注意を引きやすい。

e. 期待と合致する出来事ほど記録されやすい。生じることを期待されている出来事は、容易に受け入れられ記録される。また、そのような出来事は、期待と調和するような形でのイメージを持たれるかもしれない。
f. 予期せぬまたは稀な出来事ほど記録されやすい。
g. いったん「ニュース」として定義された出来事は、一定期間「ニュース」として定義されつづける。
h. 全体を「バランスのとれた」ものにするため、もしすでに多くの海外のニュースアイテムがあれば、別の海外ニュースアイテムは選択されにくくなる。

また、彼らは、少なくとも北欧、西欧においては重要であると思われる4つの要因について言及している。
i. エリート諸国に関する出来事ほどニュースになりやすい。
j. エリートの人々に関する出来事ほどニュースになりやすい。
k. 特定の個人の行為によるものと見なされ得る出来事ほどニュースになりやすい。
l. 結果がネガティブな出来事ほどニュースになりやすい。

さらに、事件発生から報道の減衰については、周期的な変遷があることが明らかになっている（第4部第1章「群集行動」参照）。記事量の分析から、報道が終息するのは70日〜80日前後であった。また、リスクについての報道を分析した研究によっても、報道の終息は2ヶ月〜3ヶ月程度である。

記事を作成する側であるジャーナリストの聞き取り（第3部第1章参照）からも、報道には事件をふりかえるタイミングがあることが指摘されている。それは、おおむね、1週間、10日、1ヶ月、3ヶ月である。大きい事件だと、さらに半年、1年、周年で報道される。

上記のことを考慮すると、時間の経過に伴う情報提供のあり方

表4　報道対応の注意点（フィアーンバンクス、Fearn-Banks, 2001による）

やるべきこと10か条

- 答える前に全ての質問を聞きなさい。
- 日常語を用い、専門の用語を使ってはならない。もしレポーターが専門語を使ったとしても、インタビューが専門的な出版社とでないかぎり、普通の言葉を使いなさい。
- 冷静で、丁寧で、よく答え、率直で、ポジティヴで、正直で、配慮があり、そして必要なら後悔していること、謝罪の気持ちがあることを示すような態度を保ちなさい。
- レポーターの仕事を理解しなさい。締め切りを尊重し、電話を直ちにかけなおしなさい。
- 親しみやすく、また感じよくなりなさい。
- レポーターを、組織の良いイメージを保ち、復活させるためのパートナーとして扱いなさい。
- 真実を言いなさい。誤解を招きやすい、あるいは故意に除外された事実もまた虚偽の形である。
- レポーターの目を見なさい。答えるときにはもし可能であれば各レポーターに名前で話かけなさい。
- 自分の持っているクライシスコミュニケーション計画を使いなさい。
- 危機に詳しい人を組織の中で確保しておくこと。彼らが自発的にスポークスパーソンになるかもしれない。

やってはならないこと10か条

- 弱気にならないこと。
- 推測したり、見当をつけたりしてはならない。その事実をあなたが知っていようと、そうでなかろうと。
- 発言が思い通りに引用されなかったとしても、過度にあわててはならない。
- メディアの中でえこひいきをしてはならない。常に一つの新聞、テレビをえこひいきする状況は良くない。
- 新聞から広告を撤退させてはならない。
- ニュースリリースが絶対と考えてはならない。記事に変更して書かれることもある。
- 矛盾しない範囲なら、いったん発表したことに固執してはならない。
- 未来について、断定しようとしてはならない。
- サングラスをかけたり、ガムを噛んだりしてはならない。
- 取材されているときに、タバコをすってはならない。

として、次のような点に注意することが重要となる（さらに細かな注意点については、表4参照）。

　①マス・メディアの報道内容に気をとられすぎないようにする。

　②報道量を増大させないために、曖昧でない十分な情報を提供する。

　③報道の周期的な変化に注意して、それらの報道時期の前に新しい情報を準備しておく。

(9) 訂正と謝罪の表現

ここがポイント！

1　まとめて訂正をする
2　責任を明確にする
3　被害を被った相手を意識していることを明示する

【訂正と謝罪の方法】

①誤りの部分を確認しておいて、まとめて訂正して謝る
　例：申し訳ないのですが、パンフレットの表示は旧表記のものでした。以下の7カ所はすべて新表記に訂正いたします
②謝罪表現とし責任を明確にする
　　責任の所在が明確でない以下のような表現は望ましくない
　　×遺憾に存じます／残念に思います
　　×結果としてご迷惑をおかけしました
③ミスによって迷惑を被った相手がいれば、それを意識していることを明示する
④今後ミスがないように対応することを明確にする

（9）訂正と謝罪の表現

　クライシスコミュニケーションに間違いがあったのに後で気づく、ということは望ましくないが、十分に生じうる。間違いを訂正して謝罪する場合には、以下に留意すべきである。

　①誤りの部分を確認しておいて、まとめて訂正して謝る。あとから誤りに気づいて訂正を小出しにすると、非常に不正確な印象を与えてしまう。
　誤りの原因が一つの場合は、その分をまとめるほうがいい。

　　申し訳ないのですが、パンフレットの表示は旧表記のものでした。以下の7カ所はすべて新表記に訂正いたします。

　②謝罪表現とし責任を明確にする。

　　遺憾に存じます。
　　残念に思います。

は、責任逃れになる。

　　結果としてご迷惑をおかけしました。

のような表現も、責任逃れをしているような印象を与えてしまう。

　③ミスによって迷惑を被った相手がいれば、それを意識していることを明示する。

　④今後ミスがないように対応することを明確にする。

(10) 印象管理

> **ここがポイント！**
> 1 謝罪と弁明（言い訳）は、責任を認めるかどうかに違いがある
> 2 過度の印象管理は信頼を低めることがあるので注意する

(10) 印象管理

　謝罪や訂正に関連して、「印象管理」という研究領域があり、人が自分の印象をよくするためにどのような方略をとるかが検討されてきたことを簡単に紹介しておく。

　この分野では最近、企業や行政組織をあたかも「人格を持つ人」のように見て、それらの組織の印象管理の問題が議論されるようになっている。印象管理にはさまざまな手法があるが、謝罪や弁明（言い訳）は、重要な印象管理の方法である。謝罪は、自らに責任があることを認めることである。弁明は、問題が生じた原因の所在は別の所にある（自らにはない）と主張することによって、自分に帰せられる責任を回避することである。弁明については、受け手の責任の所在の認知を誘導するために行われる。

　いずれにしても、印象管理の成否が住民の印象を左右することがあるから、クライシスコミュニケーションの戦略に印象管理の視点は欠かせない。ただし、これらの技術は、欧米においてはすでにかなり利用されていることから、むしろ印象操作をしていると住民に見破られることが、信頼を低下させる原因になることもあるという問題が指摘されるようになってきた。

③ 危機管理者が注意すべき「思い込み」

ここがポイント！

1　パニックが起こることはほとんどない
2　「パニックが起こる」と思うことがパニックを引き起こすことがある

【危機管理の専門家が人々の反応に対して持つ誤解（ミレティとピーク、2000による）】

①人々はパニックを起こす
　→稀な状況でしか起こりえない
②警告は短くすべき
　→緊急時にこそ詳しいメッセージが必要
③誤報が問題
　→なぜ誤報となったかという説明があれば、信頼は低下しない
④情報源は1つにすべき
　→多様な情報源からの一貫した情報を得ることにより、
　　　a. 警報の意味と状況を理解し、
　　　b. 警報の内容を信じる
　　ことが可能になる
⑤人々は警報の後直ちに、防衛行動をとる
　→行動する前に、友人やニュース、当局などに対して情報の確認をしようとする
⑥人々は自動的に指示に従う
　→人々は情報の意味がわかるまで動くことはない
⑦人々はサイレンの意味がわかる
　→サイレンの意味を覚えている人は少ない

3 危機管理者が注意すべき「思い込み」

　緊急時には、人々はパニックを起こすとしばしば考えられている。大勢の人々が逃げまどうイメージや、うわさやデマに踊らされるという印象をもたれているかもしれない。緊急時にあたって、人は非理性的に行動すると考える人間モデルである。

　しかし、多くの社会学者や心理学者はこうした素朴な信念に否定的である。緊急時にあたって、人はむしろ理性的に行動すると考える（理性的モデル）。さらにいうなら、緊急時に当たって「自分だけは大丈夫だろう」と考えてリスクを甘く見てしまう傾向（楽観主義バイアス）や、「これは大変な事態ではない（通常時と同じ）」と考えてしまう傾向（正常化バイアス）があることが知られている。これらのバイアスが意味することは、危機に対して正しい認識を持ってもらうのは非常に困難であるということである。

　このような状況を知った上で、クライシスコミュニケーションの戦略を立てることが重要である。誤解を基にしたクライシスコミュニケーション戦略ではうまくいかない。このことについて、ミレティとピーク（Mileti & Peek, 2000）は、危機管理の専門家が人々の反応に対して持つ誤解（神話）を、以下のようにまとめている。

①人々はパニックを起こす
　現実にはパニックはきわめてまれな状況でしか起こりえない。人々がパニックを起こすというのは、映画のプロデューサーが作り出した幻影である。

②警告は短くすべき
　短い警告では、人々は危機を理解しない可能性がある。緊急時にはむしろ詳しいメッセージが必要である。もちろん、たとえ詳しいメッセージを伝えたとしても、人々がそれをすべて覚えているわけではない。だからこそ、詳しいメッセージを繰り返し伝えることが重要になるのである。

危機的状況では、人々の情報欲求は高くなっている（情報状態という）。このような時、広告と同じ「30秒ルール」（短いメッセージ）を使うことは意味がない。

③誤報（false alarm）が問題

結果的には誤報となる空振り情報は、そのものが問題というわけではない。むしろ、なぜ誤報となったかという説明をすることによって、人々の意識を高めることができるのである。

④情報源は1つにすべき

危機に直面した人々は、多様な情報源からの情報を求めている。多様な情報源からの一貫した情報を得ることによって、a. 警報の意味と状況を理解し、b. 警報の内容を信じる、という2つのことが可能になるのである。

⑤人々は警報の後直ちに、防衛行動をとる

人々は警報を聞いた後に、直ちに行動を起こすわけではない。その前に、友人やニュース、当局などに対して情報の確認をしようとする。このことを配慮して初期の段階のコミュニケーション計画が立てられなくてはならない。

⑥人々は自動的に指示に従う

人々は情報の意味がわかるまで動くことはない。なぜそう行動しなければならないのか、その理由づけが必要である。

⑦人々はサイレンの意味がわかる

サイレンのパターンや意味を覚えている人は少ない。わかってもらうためには頻繁な訓練が必要である。

さらに、「パニックが起こる」と予期していると、本当にパニックが起こってしまうことがある（「予言の自己成就」という）ことにも注意しなくてはならない。予言の自己成就とは、「このようになるのではないか」と予期すると、それにあった行動を無意識的にしてしまい、結果として、その予期が現実になることを

さす。パニックが起こると思っている人は、パニックに近い徴候がちょっとでもあれば、「思った通りパニックが起こったのだ」と考え、その信念が確証されてしまうのである。この時、最初の予期が本当に正しいものであるかどうかは問題とならない。

　予言の自己成就の有名な事例としては、1973年のいわゆるトイレットペーパー騒動がある。当時の社会的背景として石油ショックがあり、その結果トイレットペーパーが品不足になるのではないかと推測する住民がいた。彼らがスーパーに買いだめに走るのを直接的、あるいは間接的（テレビの報道などを通して）に見た人が、さらに買いだめに走る、ということになり、結果的にトイレットペーパーの品不足が全国的に生じることになった。しかし、この話の発端の頃には、実際には、トイレットペーパーの品不足は生じていなかった。しかし、一時的であれ、スーパーの店頭からトイレットペーパーがないのを見れば、「やはりうわさの通り、トイレットペーパーは品不足なのだ」と思う人が出てくる。そうするとその人は、買いだめしておかなくてはと考えるようになる。この連鎖によって、通常より多くのトイレットペーパーを買う人が増えれば、地域的に供給量を超えてしまうので、品不足が現実に起こった。すなわち、予言が自己成就したのである。

　したがって、パニックを起こさないようにすることの第一歩は、パニックが起こるという誤った信念を持たないことだともいえる。さらに、パニックが起こるかもしれないとか、風評被害を起こすかもしれないと思うことは、情報提供を控えめにしたり、曖昧な表現にしたりすることにもつながる。

　うわさ（流言）の研究から、うわさは「情報の曖昧さ」と「その話題への関心の高さ」の積（かけ算）に比例することがわかっている。積に比例するということは、どちらかがゼロであれば、うわさは広まらないことである。話題への関心をコントロールすることは難しく、また、クライシスコミュニケーションにおいては、適切な対処行動をとってもらうために、むしろ関心は高く持

ってもらった方がよい場合もあるので、関心を低くすることは通常考えない。そこで、うわさが広まらないようにするためには、伝える情報を明確にして、曖昧でないようにすることが重要となる。

　日本においても、緊急時の曖昧な情報が、かえってパニックを引き起こした次のような事例がある。

　1978年伊豆大島近海地震の際、1月18日に静岡県知事名で出された「余震情報についての連絡」である。この情報が曖昧であったため、市民の間に「まもなく大きな余震がくる」といううわさが広まり、関係各所に電話が殺到した。このような事態が生じたのは、余震の規模や被害の程度、県民の警戒すべきことなどは書かれていたものの、「いつ頃」その余震が起こるかについての情報が、欠落していたことにあった。当初知事発表の文章には「今後数日以内に」という時期を表す語句が入っていたが、災害対策本部内で文言を検討するうちに、「時期を書いて当たらなかったらどうする」ということが問題となり、結果としてこの語句を削除することになったためである（木下、1986）。しかし、市民の立場に立ってみると、大きな余震が「いつ」起こるのかは、重要な情報であるから、ここが曖昧になっていると、その情報を埋める形でうわさが広まってしまうことになったのである。

　また、1986年の長野県西部地震において、土砂ダム決壊の恐れがあったため、当時の王滝村災害対策本部が発令した「避難準備指示」が「避難指示」と誤解された例もある。結果的に多くの住民が我先にと避難をはじめ、「裏山が崩れる」というような流言が発生した（東京大学新聞研究所、1985）。

　日本におけるパニックに近い流言の発生には、多かれ少なかれ公的な機関からの情報が引き金となっているものが多い。災害時流言を検討した廣井（1999）は、災害流言の情報源を（A）住民のなかから自然発生的に生じる本来の意味での流言と、（B）防災機関の発表が人から人へと伝えられるうちに流言化するもの、との2つにわけているが、1995年の阪神・淡路大震災の場合は、

(B）のケースであったと分析している。

　その理由として、行政機関の発表する情報が難解だったり、何の解説もなく専門用語が使われていたりするために、その情報が誤解され流言化すると解釈されている。災害に限らず、危機においては、公的な機関への情報依存度が高いため、特に、情報発信をする公的機関は、通常にも増して情報の内容や提供の仕方を吟味しなくてはならない。

④ 訓　　練

（1）訓練の考え方

ここがポイント！

1. 実践型の訓練、メディアトレーニングは、基本的な準備が整ってから実施する方がのぞましい
2. 資料の見直しやシナリオ作成は、初期から行うべき重要な訓練
3. 組織の上位者も、第一線担当者とともに訓練を受ける

---

①実践型の訓練、メディア・トレーニングの目的は、欠けているところ、不整合性を探すため
　→クライシスコミュニケーションのマニュアルが整ってから実施する方が望ましい

②クライシスコミュニケーション準備の段階の訓練が重要
　→シナリオ作成とその討議：クライシスコミュニケーションの問題点を提示、体制を修正する

③第一対応者（あるいは広報担当者）と組織上位者が、ともに訓練をうけることが望ましい
　→とりわけ組織上位者はメディア・トレーニングが必要

4 訓　　練

(1) 訓練の考え方

　クライシスコミュニケーションの訓練というと、状況付与型の訓練や記者会見の練習のような実践型の訓練が行われることが多い。ただし、このような訓練は、実施の時期に注意すべきである。できれば、クライシスコミュニケーションのマニュアルが整ったところで、あるいは危機管理のマニュアルが整備された上で、実施することが望ましい。というのは、このような訓練の目標は、用意したものに、抜けているところや、不整合なところがないか、確認するために行うところにあるからである。いわば「実力試験」ともいうべきものだからである。

　そのような準備をせずに、実践型訓練を最初にやっても失敗することが多くなる。ただし、実施の目的が「失敗して危機感を持ってもらう」ということにあるならば、関係者の意識づけとしての意味はある。しかし、多くの場合、事前の検討が十分でないままに実施してしまうことの弊害と、失敗を経験することでクライシスコミュニケーションに対して、やりたくないこと、面倒なことというような否定的なイメージを持たれてしまうという弊害とがある。どうしても実践型の訓練を実施したい場合には、これらの弊害と利点を比較考量した上で、慎重に実施すべきである。

　本当にやるべきことは、クライシスコミュニケーションの準備の段階からはじめる訓練である。シナリオを作成したり、そのための討議をしたりする訓練の手法（シナリオ・シミュレーション型訓練）がある。これは、クライシスコミュニケーションにおいて生じる問題点について、討論することによってクライシスコミュニケーションのあり方を見直して、体制の修正を考えていくものである。

　こうした訓練は、組織の中では第一線対応者（あるいは広報担当者）と組織上位者ともに受けることが望ましい。組織上位者の

(2) コミュニケーション訓練

> **ここがポイント！**
> 1. クライシスコミュニケーション訓練の前に、コミュニケーション訓練をすることが必要
> 2. 思考訓練も重要な訓練の1つ

コミュニケーション一般についての知識や技能	・言語的コミュニケーション能力 ・非言語的コミュニケーション能力
リスクコミュニケーションに関連する知識や技能	・科学的な情報についての知識 ・心理的な知識（リスク認知、集団力学、など）
クライシスコミュニケーションに特有の知識や技能	・情報に対する感度の良さ（情報収集能力） ・情報分析能力 ・心理学の知識（緊急時の人間行動、リーダーシップなど）

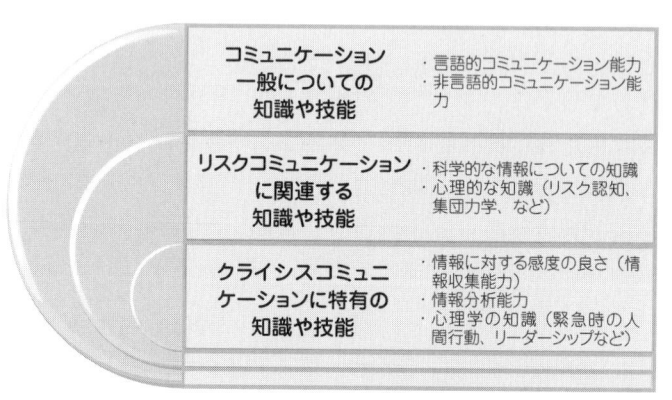

図6　クライシスコミュニケーションに必要な知識および技能（主要なもの）

訓練メニューの作成
・必要なスキルの洗い出し
・スキルと訓練の対応づけ
・訓練プログラムの作成

実施プログラムの検討
・現場のニーズの把握
・訓練対象者のスキル測定
・訓練プログラムの調整（重点訓練項目の列挙）

訓練実施
・コミュニケーション訓練
・リスクコミュニケーション訓練
・クライシスコミュニケーション訓練
・シナリオシミュレーション
・メディアトレーニング

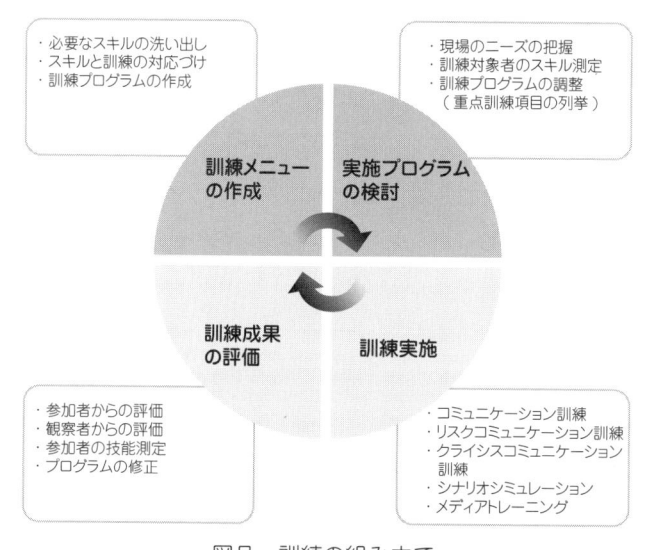

訓練成果の評価
・参加者からの評価
・観察者からの評価
・参加者の技能測定
・プログラムの修正

図7　訓練の組み立て

訓練については、ことにマス・メディアに対応するのは組織上位者が多いことから、メディア・トレーニングは組織上位の者も含めて受ける必要がある。組織上位の者が直接受けない場合は、直接訓練を受けた部下の訓練成果について、組織上位の者が公的に認め、その成果を実践できるよう、環境を整える必要がある。

　すべての仕組みが一通り整い、クライシスコミュニケーションの資料も準備できたら、実践型の訓練を実施する。これは、用意したものに見落としや漏れがないかを確認するもので、それらがあった場合は、マニュアルや実施計画に変更を加える。

(2) コミュニケーション訓練

　前述したように、クライシスコミュニケーションは、一般的なコミュニケーションの一部分であるから、クライシスコミュニケーション訓練でまずするべきは、一般的なコミュニケーションについての知識を学んだり、技能を習得したりすることである（図6．訓練の組み立てについては、図7を参照）。コミュニケーション訓練のプログラムは多いが、専門家によるものは、日本ではそれほど行われていない。

　公式な訓練でなくても、たとえば、広報用の資料を準備するときに、「このことを説明するためには、どんな資料を事前に用意しておくべきか」ということを、頭の中で想像しながら、また、関係各所と相談しながら、そろえておくということも訓練の1つと考えることができる。この時に、マス・メディアの関係者にも資料を見てもらえば、資料内容のチェックもでき、模擬記者会見のような大がかりなことをしなくても、何をマス・メディアが知りたいのか、理解することができる。

(3) シナリオ討議訓練

> **ここがポイント！**
> 1 初期に実施する訓練として適切
> 2 訓練には、経験を積んだ進行役（ファシリテータ）が必要

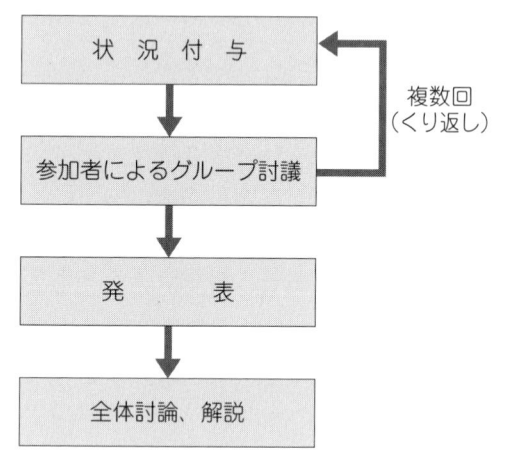

```
    ┌─────────────┐
 ┌─▶│  状 況 付 与  │
 │  └──────┬──────┘
 │         ▼                複数回
 │  ┌─────────────┐       （くり返し）
 └──│参加者によるグループ討議│
    └──────┬──────┘
           ▼
    ┌─────────────┐
    │   発   表    │
    └──────┬──────┘
           ▼
    ┌─────────────┐
    │  全体討論、解説  │
    └─────────────┘
```

図8　シナリオ討議訓練の大まかな流れ

(3) シナリオ討議訓練

　グループ・ダイナミックス（集団力学と訳す。集団の中での個人の相互作用を中心に検討する研究領域）の知見に基づき、討議型の訓練が行われることもある。シナリオ・シミュレーションといわれることもある。これは、一見状況付与型だが、提示される状況はそれほど詳細なものではなく、曖昧な状況の中で、何を情報として収集すべきか、どんなことがこれから起こるのかを想定しながら実施していくところに特徴がある。したがって、比較的訓練の初期に実施するのが向いているタイプの訓練である。

　ただし、訓練は素材（教材）のみがあっても、それだけでは効果的な訓練を実施することはできないことに注意すべきである。クライシスコミュニケーションに限らないが、コミュニケーションの訓練においては、その進行（ファシリテーション）が重要である。十分な経験を持つ進行役（ファシリテータ）が実施しなければ、実施しても望むような効果が上がらない。

5 危機発生後のクライシスコミュニケーションの注意点

(1) 組織内のコミュニケーション

ここがポイント！

1. 組織外へのコミュニケーションだけでなく、組織内部でのコミュニケーションも重要
2. 緊急時には人びとの情報ニーズは高いため、多様な情報源から一貫した情報を提供することが重要

【組織内コミュニケーション】

①組織外へのコミュニケーションだけでなく、組織内部（専門家同士、行政機関内部）でのコミュニケーションも重要
　→組織幹部と広報部との連絡調整は重要
②ワン・ボイス、シングル・ボイスの原則：多様な情報源から一貫した情報を提供する
　→スポークスパーソンは1人に限るという意味ではない
　→組織内部で見解を統一、誰が話しても同じ話をできるようにする

5 危機発生後のクライシスコミュニケーションの注意点

(1) 組織内のコミュニケーション

　クライシスコミュニケーションというと、専門家あるいは行政機関が住民に対して情報を伝達するという集団間のコミュニケーションのイメージがあるが、専門家同士、あるいは行政機関内部での情報伝達のあり方もクライシスコミュニケーションでは重要である。

　情報の収集の段階でも、情報のスキャンとモニターのためには、組織のどこに上がってくるかわからない情報を、連携よく交換しておかなければならない。

　また実際に危機時には、組織幹部と広報部との関係や連絡調整が不十分な場合、クライシスコミュニケーションはうまくいかないことが多い。前述のエクソンバルディーズ号の事故の場合、広報部がクライシスコミュニケーションを主体的に実施するほどの権限を持っていなかったことが、効果的なクライシスコミュニケーションを実施できなかった大きな理由とされている。

　また、組織内のコミュニケーションに関連して、緊急時には「ワン・ボイス（one voice）」または、「シングル・ボイス（single voice）」の原則が指摘されることがある。しかし、この原則は、日本では誤って理解されていることが多い。すなわち、危機管理時にはスポークスパーソンを1人に限る、という意味だと誤って理解されているということである。

　本来の意味は、「with one voice」（1つの声で語る）、すなわち、一貫した情報を提供すると言う意味である（3.「危機管理者が注意すべき思い込み」参照）。危機の際には、人びとの情報要求は高い。1人のスポークスマンでは、それに応じきれない可能性の方が高い。情報が必要なほどに手に入らないと住民が思ったとき、彼らは公的な情報源以外の情報に当たり始めることになるだろう。そういうことが起こらないように、組織内部で見解を統一

(2) 担当者のローテーション

ここがポイント！

1 担当者の身体的消耗を防ぐために定期的にローテーションを行う配慮が必要
2 燃え尽き症候群を防ぐために、特に窓口対応者は2～3年での配置換えが必要

【危機管理部局の職員ローテーションの必要性】

・対人的接触のある窓口業務において燃え尽き症候群が多い
・症状を予見することは容易ではない
・適切な期間内の配置換えによって、精神的、身体的消耗を予防することが重要

し、誰が話しても同じ話ができることが重要である。

　このことに関連して、組織内部だけではなく、マス・メディアやインターネットのサイトにも同じ情報が掲載されるように、普段からこれらの関係者と情報や意見の交換を行っておく必要もある。

(2) 担当者のローテーション

　スポークスパーソンをはじめとして、担当部局の職員は、定期的にローテーションをすべきである。それによって、身体的な消耗を防ぐことができる。

　特に、危機が長期にわたる場合、燃え尽き症候群への配慮は重要である。ヒューマンサービスの従事者が燃え尽き症候群にかかることは、我が国でも行政福祉職、看護職などで報告されている。同じように対人的接触のある窓口業務において、この症状は、問い合わせをする市民や消費者を否定的に評価したり、対応したりすることとして現れる。というのも、燃え尽き症候群の主たる症状は仕事が継続できなくなることだが、他の重要な症状として、「クライアント（client、顧客）に対する否定的な人間観」があるからだ。このような対応は、窓口対応者の人格上の問題や、組織の姿勢の問題ととられることもあるが、その背後に心理的な問題が隠れていることもある。あらかじめこうした症状を予見して防止することは容易ではなく、また本人にもまわりにとっても病気の一症状であるとの自覚がないことも多い。適切な期間内の配置換えによって、予防することが重要となる。

（3）クライシスコミュニケーションの記録と評価、見直し

> **ここがポイント！**
> 1 危機時にクライシスコミュニケーションについて記録できるようにあらかじめ準備しておく
> 2 クライシスコミュニケーション実施後は、結果の評価、計画の修正を行う
> 3 危機は、変革をはかれる機会と肯定的に見る

【危機の記録をとることの重要性】

①危機発生時は記録をとる
　→次の危機の対処の成否を決める
②記録をもとにクライシスコミュニケーションの良かった点、改善点を分析
　→分析の際は、失敗を他人に、成功を自分に帰属させる認知バイアスに注意する
③評価、修正したクライシスコミュニケーションは組織全体で共有する

表5　危機の肯定的な効果（メイヤーズとホルシャ、Meyers & Holusha、1987による）

①	英雄が生まれる
②	変化が加速する
③	隠れている問題が明らかになる
④	人々が変わる
⑤	新しい戦略が進化する
⑥	早期の警戒システムが発展する
⑦	新しい競争勢力が生まれてくる

(3) クライシスコミュニケーションの記録と評価、見直し

　危機発生時には、記録をとっておくことが重要である。実際には危機の最中は非常に多くの業務があるので、実際に実施するのには困難がともなうが、これを実行しておくことが次の危機の対処の成否を決める。危機は1回きりということはなく、繰り返し発生するからである。

　この点は、クライシスコミュニケーションがうまくいったとき、あるいは、失敗が目立たなかったときには、見落とされがちである。今回うまくいったからといって、次回もうまくいくとは限らない。危機は、それぞれ異なる性質を持っているからである。

　すべての危機を網羅的に検討して準備することは不可能であるので、少なくとも経験した危機については、記録を残して、対応のどこがよかったのか、失敗した理由は何なのかをきちんと分析しておく必要がある。この時、再度住民の意識調査やフォーカス・グループ・インタビューなどを行い、情報の受け手の側からのフィードバックも得ておく必要がある。

　以上の評価に基づいて、クライシスコミュニケーションの計画も見直し、修正をしなくてはならない。

　この分析にあたって、陥りやすい認知的なバイアスにも気をつける必要がある。人は、失敗や成功の原因の理由づけをする際に（「原因帰属」という）、失敗の原因は他者に、成功の原因は自分に帰属してしまう傾向がある。

　さらに、これら一連の過程で重要なのは、評価し修正したものを、クライシスコミュニケーションの担当者や担当部局のみで把握するのではなく、組織全体として共有しておくことである。組織全体として知識を共有して、組織学習しておく必要がある（表5）。

第3部

マス・メディア対応

1 健康危機管理における報道対応について：ジャーナリストの立場から

【基本的な姿勢】
◇ネタのためのニュースではなく、基本は「命を救う」ための情報提供の意識を

　健康危機管理においては、誰もが当事者である。最初に、マス・メディアに向かって、何のために健康危機対応をしているのかがわかるように話をすべきである。たとえば、「1人でも命が失われないようにする」というようなメッセージが考えられるだろう。

　マス・メディアに対しては、「あなたたちは善意の人たちだ」という前提で対応すべきである。メディアがニュースにするために知らせるのではなく、国民の命を守るために知らせるのだ、という目標をぶらせてはならない。もちろん、その分きちんとやっておかなければならないことが多いのは言うまでもないが。

【平時からの対応】
◇報道関係者をパートナーと位置づける

　このためにマス・メディアを中心とする報道関係者とは、敵対的な関係になるのではなく、コミュニケーションのパートナーと考えるべきである。健康危機の事態に立ち向かうのは、行政の担当者だけではない。社会全体で取り組む課題であるのは言うまでもない。マス・メディアは、担当者と社会とをつなぐ有力な窓口であり、社会に向けたコミュニケーションのパートナーにする位置づけることが望まれる。そのための方法はいくつかあるが、少なくとも以下のような点はその第一歩である。

　①危機時に必要と考えられる説明用の基本的な資料を事前に用意する
　②危機時に迅速にWEBページに事態の推移を掲載する

③基本的な資料を含めて、情報はできるだけ事前にWEBページで公開しておく
　④健康危機管理に関するメディアとの勉強会を開催するなどして、常日頃から記者と情報交換しておくことで、どのように情報提供すべきかのアイディアをもらえる。
　⑤東京や大阪本社など分野ごとに担当が置かれている論説委員・解説委員・編集委員を対象に、事前の説明を行っておく。

◇**説明資料は事前に準備し、WEBで公開**
　資料はいきなり出したら、その際に不利益になる情報を隠していると疑われる可能性があるため、事前に用意しておくことが重要になる。また、それらの資料は準備をしてホームページなどで公開する前の段階で、記者たちとの学習会などの場を通じて、目を通して置いてもらうことも肝要である。
　これらの資料に使う用語は、正確性にこだわって専門用語を並べるのではなく、これまで新聞で使われていたものを使う方が望ましい。その中には、必ずしも科学的には適切でないものもあるかもしれないが、その中でも一番市民の理解が適切に得られるものを選ぶとよい。

　記者は、社会に明らかになっているかどうかで判断することが多い。一点の疑いももたれないようにすべきである。その意味でWEBページに情報がアップしてあるとか、記事になっているということは、意味がある。一度社会に公にされた記録が残り、マスコミも確認することができるので、たとえ根源的なネックがあって問題が解決できていなかったとしても、過剰な反応は避けられるだろう。

◇**望まれる取材ハンドブック作り**
　このような資料作りのために重要なのは、日頃から記事を読んでおいて、上手くまとめてあると思う記事をストックしておくこ

とである。著作権の問題で、これらの記事をWEBページに紹介するのが困難であれば、いざというときに配付できるよう、準備しておくとよい。適切に要約された新聞記事は、自らの組織トップなどに説明をする際にも便利である。

　記者たちに事前に資料を見ておいてもらうことは重要である。それぞれの地元で、健康危機管理の問題を担当する行政担当記者や科学記者らに対し、資料公開を後ほど説明する日付モノにしてプレスリリースするなどして、事前に目を通してもらう機会を持つ。また、東京本社では、厚生労働分野の論説懇談会で、論説委員・解説委員・編集委員らに対して、危機対応時の準備についてレクチャーする機会を持って、これらの資料について意見を求めることができればベターである。同じような仕組みは、各地での編集部長会や、支局長会などがあり、その場に話題提供をさせてもらうことで、このテーマに関心を持ってもらうことができる。

　このように、事前に報道関係者によってチェックされているということにより、危機対応時に取材する記者たちに、それらの資料内容について過剰な疑いを持たれないですむ。フィルターがかかっていると思うので、記事内容について疑いを持ちにくい。事前の資料公開という型式にし、それらの資料を説明し、記事にしてもらい、危機対応時にその記事も添付して資料配付することができれば、誤解を防ぎやすい。

　事前の準備として、健康危機管理時の記者の立場に立って、危機発生時の取材ハンドブックまで作ることができれば非常によい。むしろ、取材ハンドブックをどのようにつくるか、と考えてみれば、情報の出し方も異なってくるはずである。一度こういう視点から資料を見直してみるのもいい。

　ハンドブックをつくるときの考え方だが、「どうして○○しなければならないのか」がわかるようなシナリオに基づいたものであるとよい。また、その中に「これからこういう専門用語を使いますよ。その専門用語を使わないと○○が説明できません」とか

「この資料はどこから読むとわかりやすいですよ」というヒントがあるとよい。

◇訓練に報道関係者の参画を

また、自治体レベルでは、健康危機の対応訓練に、マス・メディア関係者に検証・評価の側面で参加してもらうことも考えられ、その際に事前の準備資料のチェックを受けることも誤解を防ぐ手法である。今回の新型インフルエンザ発生前の2008年11月に京都府で行われた訓練のように、マス・メディアが訓練の評価者として参加し、講評を行った事例もある。

具体的な手がかりがないときは、それぞれの記者クラブ幹事社に訓練実施に際しての相談を持ちかけるのも1つの方法である。記者の方も、健康危機対応について情報を知っておきたいという意識はあるはずで、提案には乗ってくる可能性が高い。危機対応を行わねばならない組織のクライシスコミュニケーション研修を支援して欲しいという誠実な申し出は、言下に否定されるようなことはない。これらを通じて、行政の一方的な思い込みではなく、話をする相手を見つけておくことができるようになるであろう。

◇科学部記者の理解度に頼らない分かりやすい資料を

また、東京や大阪などでは、社会部と科学部記者の扱いを区別することがあるが、この両者はともに重要である。健康危機管理の仕事としては、科学的な背景の解説は科学部、表面的な事象の流れは社会部が書くことになる。社会部記者に理解されないと、記事が予想もしない展開となることがあるので、社会部の人間にわかるような資料を作ることが重要である。普段つきあいやすい科学部の視点からの資料を作るだけでは意味がないことを覚えておくべきである。

もちろん、その場にならないと決まらないこともあるだろうが、それは日々伝えていけばよいと考えるべきである。

◇記者との勉強会を、官邸の政治記者向けにも資料必要

　これらのことを事前に検討するために、「健康危機管理事案に関する勉強会を一度やりませんか」というような誘い方が考えられる。実際に、新型インフルエンザについての訓練評価を行う際に、地元メディアと意見交換を行った自治体もある。取材テーマが立て込んでいる場合や、メディアと自治体との距離感によって必ずしも歓迎されないかも知れないが、声をかけて働きかけをしておくことは重要である。勉強会ができなくても、勉強会用の資料を作成して参考資料としてあらかじめ配付し、意見をもらうようにしておくのも１つの方法である。これが取材ハンドブックの元にもなる。少なくとも、広報担当者の手引きになる。

　ただ、今回のことで分かるように、事前のマニュアルが通用しない事態であることをできるだけ早く、上手く伝えることも重要である。

　パンデミックという大規模な危機になる場合は、首相官邸からの情報発信が重要な役割を果たす。今回のケースでも政治部記者が記事を書くことになった。総理や官房長官の発言に基づいて記事を書く記者は、この問題をあまり分かっていないと考えるべきである。いざというときのために、これらの記者に背景が簡単にわかる資料を作って、その場で配付できるようにしておくべきである。これらは、官邸での会見詳報とともに、国民向けの説明資料として官邸や内閣官房のホームページから公開されるようにしておくとよい。事前にやれることはたくさんある。

【危機発生時の取材対応】
◇大事象の現場は素人記者だらけ

　危機が大きくなればなるほど、より多くの現場に記者が展開するため、最先端の現場にいるのはその分野についての知識がない素人と考えた方がよい。この時、解説を書けるような科学部の記者は社内にいて現場にはいないと覚悟すべきである。この時、現

場に来る素人の記者に示すのは詳細な資料だけでなく、1−2ページの要約が必要となる。また、先人の記者たちが書いた分かりやすい関連記事が、彼らの役に立つ。

記者会見の時に、科学部の記者が難しい専門用語を使って質問してくることがあるかもしれないが、他の素人の記者がわかるように質問をかみ砕いた言葉で「今の質問は○○○○という趣旨でよろしいですか」と尋ねる。その人だけにしかわからないような質疑応答をするのは最悪である。

記者会見の時の基本的な姿勢としては、多くの事象は未知であるという考え方に立つことである。これは記者の側もそうで、わからないことが多いのは不安である。100％確実でなくてもいいから「おおむねこういうことである」ということを伝えて欲しい。「今だいたいこのくらいで、おおむねこのように事態が進む」と言ってもらえればありがたい。その際に、なぜそう考えることができるか、蓋然性や過去事例なども説明することで理解を得られやすい。

今回の新型インフルエンザ発生の経験をもとにいうならば、全国で同じ事態で向かい合わなければならないが、全国紙で解説記事を書くのは東京かせいぜい大阪である。しかし、事態の進行は都道府県ごとに異なっている。したがって、各自治体でやるべきことは、目の前にいる記者にわかってもらうように説明するということである。それをするためには、東京や大阪から発信される情報では十分ではないかもしれない。地元の記者がよくわからないとき、記事が過剰な扱いになるケースがある。今回の新型インフルエンザが長期戦になることを考えると、地域の実情に応じた取材対応ハンドブックを作っておくことが必要だと思われる。

◇最悪の場合でも想定シナリオの範囲なら、そのことを伝えることで得られる落ち着き

また、どんなひどいことでも想定の範囲内であれば、そのことを伝えることも大事である。たとえば、「最悪のシナリオは○○

であるが、今のところはここまで」というような言い方が考えられるだろう。また、「今のところはここまで」という時、その表現は具体的である必要がある。事態の進行にしたがって、今後もさまざまに打たれていく対策が想定されているはずだから、それがわかるようにしておくことが大事である。そのやり方としては、対策方針を決定した段階で報道された実際の記事で示すのも1つの方法である。

　当該機関以外の関係先リストも提示すると歓迎される。健康危機管理事象に関わる他機関がどういう役割を果たすのかも分かるようにしておけば、「ここに行けばこういうことが分かるのだな」と言うことが理解でき、当該機関への所管外の事情での問い合わせも省けるし、混乱を避けることができる。これらは、取材マニュアルにあることが望ましい。

　非常に多忙な部署は、マスコミをシャットアウトする場合もあるかもしれない。ただ、そういう部署があると事前に断りを入れておくべきである。いきなりシャットアウトしては、トラブルの元になる。シャットアウトするところが出てくるのであれば、事前に話をして了解を得ておく。自治体なら、記者クラブと相談しておくのは1つの方法である。

◇日々対策のプロセスを紹介し、ニュースネタを提供

　いざとなったときに、記者と当該機関がやり合うことはあるかもしれないが、低次元でやり合うことはない。できれば、つまらない部分で「ニュース」をつくらないで済むようにして欲しい。昨日も今日も患者が増えている、でも新しい話題はない、ということになれば、つまらない本質的ではない部分が「ニュース」に仕立てられる。全体としては「ネタ」であるのに、ニュースがなければ、「ネタを探してこい」ということになり、重箱の隅をつつくような話題がニュースになる。

　パンデミックが発生したとき、やらなければならないことは日々進化しているはずで、「昨日と変わりません」ということは

あり得ないはずである。具体的には、数字を分析して、新しい対策を説明するとか、問題を先取りして対策を提示する、担当部局でやっていることに日付を加えて情報提供する、などが考えられるだろう。その際に、「〇日の会議で確認した」「〇日の研究会で報告した」など、できるだけ事象に「日付」を付けて伝えるようにすると、ニュースになる。コミュニケーションツールとしてマスコミを「使う」と考えてもよいのである。そのネタをどう判断するかは、メディア側だが、情報を欲しがっている市民がいる以上、対策情報を伝えないと言うことはあり得ないだろう。

どこの段階で報道量がピークになるのか、その予測をすることは実はむずかしい。実際に過去の例を見ると、本当の事件のピークよりも前に、報道のピークは下がっていることも少なくない。だからこそ、事態を先取りしたかたちであっても、今後の対策について説明をしておくことが大事である。そうでないと、「何をやっているんだ」とか「何もやっていない」という話になってしまう。事前に用意された資料であっても、対策の詳細や実施日を決めるなど適切なタイミングを作って出していくことで、ニュースにして広く伝えてもらうことができる。

◇平時と同じ行動がハイリスク、暴風警報下でレジャーに行かないのと同じ認識を伝える

たとえば、感染症であれば、何らかの感染がすべてマイナスなのか？　むしろ、生命体には不可欠という程度のリスク観を持ってもらうことも重要ではないかと考える。そもそも生命とは、そうやって発展してきたのであるから。

また、人びとが移動する、移動のグローバル化の中でリスクの変化がある。リスクを対策とセットではなく、リスクそのものとして提示することにも意味がある。この意味でも、昔に比べたらまずリスクだけを伝えることは許容されるようになってきたという印象がある。

新型インフルエンザの大流行については、どういう覚悟をしておかなければならないか、社会で考えることも必要であろう。「社会生活のテンションをちょっと下げればいい」という感じになることができるかどうかだ。台風の暴風雨の最中に、好天と同じような調子でお出かけをする人はいないように。たとえば、交通機関の限界もあって出勤に制約を受けた場合、在宅で仕事をどのくらい代行できるか、あるいはこれを機会に在宅ワークがどれだけ広がるのか、そういう壮大な社会実験をするのだと前向きに考えることも必要なのではないか。

　また、今回のA/H1N1であれば、数年たてば多くの人が感染して一定の免疫を持つことになるということも、うまく伝えることで、健全なリスク感を持ってもらうことができるはずだ。

◇「紺屋の白袴」避け、無茶な時間に報道対応をしない意志決定も

　最悪の事態ではないと判断したときに、それをどのように伝えるのかについても考えておくべきである。たとえば、健康な人であれば免疫力を下げなければ何とかなる、つまりちゃんと栄養のあるものを食べて夜更かしをせずによく寝て適度な運動もすることで感染しても回復できる可能性が高い感染症である、というように社会が受け入れていくプロセスも想像すべきである。今回のA/H1N1であったら、タミフルやリレンザを医師に処方してもらえば、軽い症状で済むのである。その時、「知識を学んでこれだけの感染ですみました」といえるようにするためにはどうするか、それを考えておく必要もあるだろう。

　一方で、同じ人がスポークスパーソンになり続けて負担を集中させるのではなく、複数の交代制で行うとか、緊急事態でもなければ深夜の記者会見はしないということも考えておく。例えば、厚生労働省はハイリスク機関であるともいえるので、パンデミックになったらワクチンの予防接種を受けていない記者はお断り、と言うようなことも事前のクライシスコミュニケーションとして

は、やっておくべきかもしれない。

【継時的な取材対応】
◇「国内初患者確認から1ヶ月」など、報道のタイミング見越した情報提供を

　時間の経過とともに、定期的に事件をふりかえるタイミングがある。大きい事件の場合は当初は連日報道されるが、1週間、10日、1ヶ月、3ヶ月、半年、1年、○周年、というタイミングで振りかえるので、このことは頭に入れておいた方がよい。時には100日というような区切りでふりかえることもある。

　人々は日常生活のなかで、これらのタイミングで改めて振り返って考えることはよくあることだ。このように定期的にふりかえることで、期限を区切ってニュースとして受け取ってもらえるからである。マス・メディアとしては、同じニュースを2度伝えることは難しいが、経過した時間で新たな意味づけを加えることで人々にとってニュースと感じるのである。この「クセ」を知って、クライシスコミュニケーションの戦略を立てるべきである。すなわち、これらの時期の前に情報提供の用意をすべきである。このことは、マス・メディアのニーズに対応するというだけではなく、一般の人びとにもう一度関心を持ってもらうという視点からも意味がある。

◇**扱い小さくても重要、継続的な情報提供**
　注意しておいて頂きたいのは、つい一面トップの記事に目がいきがちだが、意外とベタ記事に読者（ファン）が多いことである。これは案外読まれている。短い文字数の中に必要なファクトを盛り込んでいるため、扱いの小ささの割には内容が多い。情報を継続して出していけば、扱いが小さくてもベタ記事でも扱ってもらうことで伝えることができる。政策的にいうと、健康危機管理の備えに向けて、大きなニュースで書いてもらえなくても、ベタ記事で書いてもらえれば、これが将来意味を持つ。

また、計画、ガイドライン・指針、マニュアルなどと段階的に策定して、できた順から公表していくことで取材が続く。「ネタが転がる仕組み」とでも言える。防災分野では、残念ながら以前はこの仕組みがなく、人びとの意識を継続的に高めることができなかった。省庁再編後の中央防災会議の手法は、被害想定から始まり、大綱、基本計画、戦略、応急対策活動要領などという形で、検討を重ねながら順次、公表していった。このようにネタが続くと、記者の仕事が続き、記者も勉強しなくてはならないので、結果的に記者のリテラシーが上がるのである。

　防災の世界では、かつて何らかの被害想定があれば、それに対する対策もセットで公表することが求められた。近年は、自治体でも被害想定の段階で公表し、具体的な対策は、今後、詳細に検討していくという説明の仕方が許容されるようになった。これは、阪神・淡路大震災以降の変化である。かつては対策がセットでなければけしからん、と言われたりしたが、それよりも被害が想定されるのであればいち早く伝えることが歓迎されるようになった。今回、政府が強毒性のH5N1の対策から取り組みだして、まだ政府部内でも十分対策が整っていない段階で「行動計画」として公表していったことは、ある意味でやむを得ないことでもあった。厚労省の幹部は「もう1年あれば、弱毒性の計画も作れたのだが」と述べていたが、結果としては間にあわなかったのではあるが。

　ここまでは、今回の新型インフルエンザA/H1N1の感染が広がる前の段階でまとめたものであるが、読者に違和感がないよう、今回の新型インフルに関わる部分も書き加えた。
　この後の項2では、2009年4月から6月までの事態の推移を踏まえ、現実にあったことを元にまとめている。

2 第一波を振り返って：「次」に備えるために

【発生直後】
◇役立った感染研の学習会

　在京の科学記者の多くは、国立感染症研究所で定期的に開催されていた勉強会に出席していて、感染症の研究者と顔見知りである者も少なくなかった。そのため、研究者のふだんの語り口を知っており、どの程度の重大さなのか、適切な相場感をつかんでいた。各マスメディアとも、社内の専門家と言える科学記者の示す方向性に基づき、ニュースを仕立てていくことができた。

　このため、初めての事態という意味で大きなニュース扱いはされたが、明日にも日本中に非常に重大な危機が迫るというような誤った伝えられ方はしなかった。これは、この学習会の成果と言えるだろう。

◇説明資料なく、市民へのメッセージも不足

　私は、毎日のように厚生労働省の定例会見を取材したが、当初は説明用資料がまったくなかった。会見中で「PCR」（検査）など、その段階では科学記者以外にはわからない用語もいきなり出てきたが、素人記者にも分かる説明資料があったら良かったと思う。数日後になって、徐々にWHOのWebサイトからの情報などがまとまって出されるようになったが、実際は、記者の質問に応じて作っていった印象である。

　発生直後から、これまでを振り返っても思うが、厚生労働省は、自分たちからどんなメッセージを発信したらよいのか特に考えなかったことが問題だったと思う。4月28日の定例会見時にある職員が「お願いできるのであれば」と前置きして、「マスコミからも『最寄りの保健所に相談下さい』と呼びかけていただければ、メキシコから帰宅された方も安心して保健所と相談して、ご自身の現在の状態を確認できるのではないかと思う」と発言されたが、このような訴えかけがあるメッセージは、大臣会見をのぞ

くとこの１回だけだったのではないか。

◇「マイルド」を伝えるには不足した具体的例

　強毒性を想定した計画だったので、いわゆる「マイルド」であると言うことをどう伝えるか、関係者がうまく考えられなかった。官邸も、内閣官房も、厚労省も、柔軟に、あるいは臨機応変に対応しようと考えていたが、用意されていたシナリオが１つだけあったために、それに引きずられてしまった印象である。具体的な提示がない中で、どのような対応を想定しているか、その感触を伝えるのは記者であるが、記者も当局に「現在ある計画を否定したわけではない」というと言われてしまうと、伝えるべき「柔軟」という点が見えにくくなってしまう。

　「柔軟に」「臨機応変に」という言葉は、何度も出されたが、「何を柔軟にするのか？」「何が臨機応変なのか？」ということが具体的に言われないと伝わらない。実際、成田の検疫の対応を見てしまうと、どこが柔軟なのか、本当に臨機応変にやっているのか、疑問に思えてしまう。

　例えば、WHOがフェーズ６を宣言した６月12日の官房長官コメントの中には「我が国においては、…引き続き、現在の基本的対処方針等に基づき、弾力的な対策を講じ、感染拡大防止、適切な医療の提供、医療体制の充実強化等に努めていくこととしている」としている。同じく６月12日付で総務省消防庁から出された文書には「引き続き、現在の基本的対処方針等に基づき、これまでと同様の対策を講じていくこととしています」とあり、同じ政府機関からの情報でありながら、後者では「弾力的な対策を講じ」の一節が脱落している。

　実際に行政機関では一定程度、「弾力的な対策」が検討されたが、それは役所同士わかる言葉であり、具体的な意味のわからない行政的用語は記事から排除され、狙った意味が伝わらない。言葉は悪いかもしれないが「いつもの役所言葉で逃げをうってい

る」と思って見逃してしまう。具体的にどう弾力的にするのか、ファクト（事実）がないと伝えようがない。

　具体的にどうするのか、この時点で詳細に決まっていなかったかもしれないが、そうであるならば、「自治体の対応状況をお聞きしながら、現場に合わせてどう弾力的にするか考えて行きたい」というようないい方をすれば、弾力的な対応をするという言葉が意味を持ったのではないか。あるいは、具体策を考えるための会議の1つでも開催されたならば、「どう弾力的にするのか」が「見える化」（可視化）したかもしれない。

　このほかにも「見える化」の方法はいろいろあるだろう。6月29日に開催された自治体説明会は好例である。惜しむらくはこれがなぜもっと早く開催されなかったのか。京都府が呼びかけて、国内第1号が出る前の段階で、近畿府県市の担当者の会合が開かれたが、効果が出る前に第1号が出てしまったのだが。一方、神戸市は、市に在職経験のある厚生労働省幹部との間にホットラインを作り、電話連絡を取り合うことで、感触をつかんでいたが、それでも対応のズレに悩んでいた。

　「伝えにくい情報は伝わらない」「曖昧な言葉は伝わらない」ということである。このことは強調しておきたい。

◇官邸発の情報、ポイントがなかなか伝わらず
　今回官邸での対策本部会議や幹事会、専門家諮問委員会が事態の鍵を握る場面があり、官邸詰めの政治部の専門知識のない記者が情報を発信をすることになった。そこで示された対策のどこがポイントなのか十分把握できないまま、報道されていった。情報を出す側は、一生懸命ニュアンスを伝えているつもりだが、うまく伝わる情報を出すことができず、肝心のことがなかなか伝わらなかった。

　もともとのH5N1の強毒性鳥インフルエンザ由来の新型インフ

ルエンザを前提とした「行動計画」と、今回の新型インフルエンザに対して5月1日付けで出された「基本的対処方針」と専門家諮問委員会の設置、そして5月16日付けの「確認事項」、5月22日の「運用指針」が、官邸で伝えられた。22日の記者会見の冒頭、谷口隆内閣官房内閣審議官は「なお自治体で混乱がある。柔軟に対応をしていただきたいという私どもの考えが伝わっていない。もっとはっきりと、柔軟な対応をしていただきたいという趣旨のもとに運用指針を作った」と説明。運用指針の内容は、一般の病院での診察や、重症患者以外の自宅療養などを具体的に示したものだった。

　これまで何度も出された文書は、総論的に書いてあるが故に、どこがポイントなのかが分かりにくかった。もともと、具体的な内容まで伝えなければ伝わりにくいうえに、官邸詰めの記者たちはこの問題のエキスパートではないため、より伝えるべきポイントを明確に打ち出すことが求められたが、現場の混乱を長期化させてしまったといえる。

◇柔軟な対応をうながすために必要だった新しい言葉

　このような状況の中で、国内で最初の患者をだした神戸市は、厚労省とのホットラインを生かしながら弾力的に、柔軟に計画を実施していった。一方、仙台市は、以前から政府の方針と異なり、一部の発熱外来だけに集中させない方針で「仙台方式」で体制作りをしていた。神戸市がやっていったことは結果的に「仙台方式」と同じであった。

　柔軟にということならば、早い段階で「仙台方式で」と言えば、やり方が具体的に見えてくる。仙台方式は手上げ方式だから、医師に過剰な負担をかけないものだった。こういう風に具体的な例を挙げてくれれば、聞いている方もわかる。

　一方、神戸市は自分たちの取り組みを「神戸モデル」という言葉を使って説明し、地元のマス・メディアではこの言葉で意味がうまく伝わった。このような言葉を使うことによって、何か具体

的ではなくても、手がかりが見えてくる。たとえば、神戸の方式を勉強しようとか、あるいは仙台はどうやっているのか調べよう、など。言葉が持つイメージの力を上手に利用すべきである。また、「計画」や「方針」、「指針」ではなく、神戸市が使った「モデル」という言葉が、分からない部分を内包しながら対応していく事態により相応しかったとも言えよう。

　よくも悪くも言葉のイメージに引きずられることがある。よい方向に使うのであれば、新しい言葉を使って、事態をかえることもできる。柔軟な対応に変更するのであれば、上手に新しい言葉を使っても良かったのではないか。

◇マスコミ「対応」に終始した厚労省の定例会見

　最初にも書いたことだが、厚生労働省には積極的なメッセージを発信しようという意思が感じられなかった。すなわち、記者からの問い合わせに答える受け身でのマスコミ対応だった。

　今回毎日１時間弱の定例会見が開催され、それ自体は大変よい取り組みだったと思う。毎日同じ人が会見に出てきたことで、ブレはなかった。また、記者は答えにくかったり、くどかったり、時にはあまり意味のない質問も出たが、それぞれに誠実に答えていたように思う。この意味では、記者会見の最低線はクリアしていたと感じる。

　しかし、繰り返すが、この会見の場をどう活かそうかという発想がなかったのが残念である。そのためになおさら、大臣のパフォーマンスが目立った。

　災害時の自治体の対応の例を出すなら、最近はメッセージ性のある発表が増えていた。具体例であげれば2004年の23号台風の時の豊岡市は、毎日発表できる話題をつくって、２ヶ月間記者会見を続けていた。些細なことでも「ネタ」にして発信していくことは大事である。どうしたら「発信」になるのか、そういう視点でメッセージを考えるべきだ。

　定例会見の位置づけが曖昧であった。庁舎の周りを中継車が取

り囲み、テレビ各局のカメラがすべて揃って、いわばメディアを独占できていたわけだから、有効に使わないともったいない。それを意識していたのは、メディア慣れしていた大臣だけであった。

　実際には、患者の発生状況を伝えるだけで、ほとんどが記者の質問に答えることに終始し、せいぜい官邸の発表を受けての説明ぐらいに終わっていた。これが「使える」媒体であるという意識がなかったように思われる。テレビ局はすべてを録画するだけでなく、最初はリアルタイムに報道局に映像を届けていたし、新聞記者はメモをおこして社内で共有していたり、私の防災リスクマネジメントWebでは、その内容を広く伝えていたのだから、その場を使えば国民に対して非常に有効なメッセージ発信の場になったはずである。注目されているときに何を伝えるべきなのか、それを考えるという発想がなかったように見える。記者会見の「力」を使えず、事象が発生したときの対応に終始していたように見える。

　出したいメッセージがあれば、記者からの質問に応える中で、うまく伝えることも可能である。いいたいことをいうためには、どういう質問をしてもらいたいか、その視点で話を組み立ててみることすらできる。そのためには、まず、伝えたいことがなんなのか、何を情報発信すべきかを整理しておかねばならない。

◇発信し続けることが重要、安心情報で先進例も
　感染が拡大していく課程に合わせた情報提供の話題を作っていくことも大切である。そのために、今後を展望して資料の準備をしておくことが必要だ。たとえば、毎日の電話相談の中身を集約して、そこから国民が困っていることを整理し、記者に説明する資料にしていけば、受け身ではあるが何らかの方向性を示していくことはできたであろう。例えば、患者を車で搬送した場合、「患者が触ったところは消毒用アルコールで拭くが、それ以外は水拭きで十分」というような、常識的な事実を伝えることで、国

民の過剰反応を抑えることもできたであろう。伝えるわれわれも理解できるし、国民にとってもわかりやすい話だ。

　朝日新聞の大阪版では、神戸での患者発覚から毎日、小さいコラムで連載した「よく効く知識」は、住民への安心情報を徹底的に意識した内容だった。中心になったのは、長年医療記者を続けてきた編集委員の中村通子さんで、全19回のうち初回から14回を担当。住民がどのような点に気をつけて生活すればよいのか、具体的なアドバイスと分かりやすいイラストで構成し、200字程度の原稿を書くのに、英語の論文にも目を通しながら細心の注意を払ったという。小さくても情報量が多い素晴らしい記事であった。大きな見出しで、感染拡大をニュースにする一方で、コラムで安心情報を伝える。編集幹部の方針により実現したといい、メディアとはこのような発信ができるのである。

◇マス・メディア以外のメディアで市民に届ける

　一般的に、ニュースになり出したことは伝えるが、ニュースでなくなる終わりは伝えにくい。また、段階的な推移というのも伝えにくい。複数のピークがあるような事態は、記者もあまり対応したことがない。時間が経つと、もう終わってしまった過去の事件と受け取られかねない。新型インフルエンザの感染者が一度減りだした後、7月には国内各地で増加していたのにもかかわらず、どう伝えていいか分からない事態が続いた。

　横浜市が感染者数を毎日公表しこの数字は、また地方版のベタ記事になっていた。また、市民向けの危機管理情報として携帯メールでもお知らせしていた。マスメディアがニュースにしなくても、市民の意識を変えていくこともできる。情報に対する感度が高い人は見ているはずである。その人たちは、情報をよく理解して伝えてくれるオピニオンリーダーである。そういう人を動かしていくことも重要である。マスコミだけに頼らない情報発信の仕組みも考えて欲しい。そういう人たちが、次の事態の時に重要な役割を果たしてくれる。

◇外部への情報発信が、内部の情報共有ツールにも

　危機時に政府機関、あるいは自治体の中でも組織間調整は重要な、しかも困難な課題である。関係者全員が集まって対策会議をすることは重要だが、必ずしも共有すべきことが伝わるかどうかは分からない。外部への発信を、内部の情報共有の方法と考える手法もある。記者会見を、組織間の情報共有や調整の場としたのが、今回の神戸市であった。朝夕２回の記者会見の場に、関係各部局を呼び、そこで市や保健福祉部局としての対応を記者に説明し、答える中で、市民への情報発信だけでなく、各部局との情報共有も諮ることができたという。記者の質問に答えながら、内部的に今後の方向を伝えることができ、調整の第一歩である情報の共有が図れたという。

　マスコミ対応ではないが、外に向けて情報をまとめて発信するということの重要性を示す例が、新潟県中越地震の際にあった。震度７が観測された川口町に対して、東京都練馬区が行ったのは、広報紙作成支援だった。これが、混乱する川口町の内部情報共有に大きな効果をもたらしたという。被災自治体の状況を分析していた練馬区が、最も混乱して支援が求められると判断した川口町に対して提案したのが広報紙作成だった。同町からは、この忙しいときに広報紙なんて、というリアクションだったというが、取材から印刷まですべて練馬区が行うと言う申し出だったため、受け入れてもらえた。地震１週間後から始めた広報紙は、第１号がすべて練馬区の取材で作られたが、広報紙で他の部局が何をしているか知った職員たちが徐々にネタを持ち込み始め、あっという間に川口町の災害対策に必須のメディアになったという。広報は外部のためだけでなく、内部情報の共有にもなるのである。

　情報発信という視点を常に持って、その視点から自分たちのやっていることを見直す癖をつけておけば、それがよりよい危機管理につながる。その意味で、情報発信というのは、単なるメッセ

ージの工夫にとどまらないものである。ここで言及した情報共有と組織間調整もその一例である。やれることはたくさんある。やらなければもったいない。

第4部

クライシス・マネジメント

① 群集行動

【群集の特徴】

1. 一定の局限された空間の中に集中
2. 共通の焦点→群集の興味、関心、恐怖の対象が存在する。
3. 下位集団の存在
4. 群集の動機の多様性→群集を動機づけている感情や情動は様々

【群集の共通点】

1. 全体の動き（群れる、列を作る、殺到する、行進する）
2. 個人の動き（座る、立つ、ジャンプする、おじぎする、ひざまずく）
3. 操作（物を投げたり動かしたりする）
4. ジェスチャー（中指を立てる、ガッツポーズをする）
5. 音声表現（歌う、祈る、暗唱する）
6. 言語表現（ブーイング、口笛、叫び）
7. 方向づけ（ある特殊な形になる、かたまりになる、リング状や円形になる、座り込み）

写真1　反仏デモを行う中国人ら。フランスパリにて、2008年4月19日（AP通信）
http://jp.ibtimes.com/photo/index.html?id=18862&in=1

1 群集行動

　戦争や災害などの異常事態では群集行動が発生することがある。群集の特徴として下記の4点が挙げられる。
1．一定の局限された空間の中に集中
2．共通の焦点
3．下位集団の存在
4．群集の動機の多様性

　第1に関して群集のサイズと占拠する空間の広さ、それから動きの程度は様々であるが、群集がある共通した空間を占めていることが特徴である。第2に関して火事や交通事故などが発生すれば野次馬が集まってくる場合がある。逆に劇場などで火災が発生した場合、そこから群集は遠ざかろうとする。そのように群集の興味、関心、恐怖の対象が存在する。第3に関して、群集の成員は互いに何の繋がりもないバラバラの個人の集合体ということもありえないことではないが、一般には友人や知人集団がその下位集団を構成していることが多い。第4に関して群集を動機づけている感情や情動は様々である。その中には敵意、恐怖、歓喜、略奪などが挙げられる。

　そのような群集の共通点として下記のようなものが挙げられる。
1．全体の動き（群れる、列を作る、殺到する、行進する）
2．個人の動き（座る、立つ、ジャンプする、おじぎする、ひざまずく）
3．操作（物を投げたり動かしたりする）
4．ジェスチャー（中指を立てる、ガッツポーズをする）
5．音声表現（歌う、祈る、暗唱する）
6．言語表現（ブーイング、口笛、叫び）
7．方向づけ（ある特殊な形になる、かたまりになる、リング状や円形になる、座り込み）

　写真1は2008年4月19日に発生したデモの様子を撮影したもの

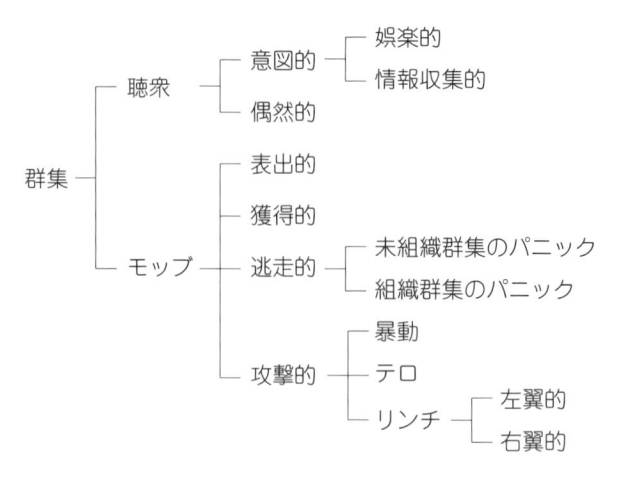

```
群集 ─┬─ 聴衆 ─┬─ 意図的 ─┬─ 娯楽的
      │       │           └─ 情報収集的
      │       └─ 偶然的
      └─ モップ ─┬─ 表出的
                 ├─ 獲得的
                 ├─ 逃走的 ─┬─ 未組織群集のパニック
                 │           └─ 組織群集のパニック
                 └─ 攻撃的 ─┬─ 暴動
                             ├─ テロ
                             └─ リンチ ─┬─ 左翼的
                                         └─ 右翼的
```

図1　群集の分類

【群集の分類】

聴　衆	受動的群集
モップ	能動的群集、攻撃的傾向
表出的	スポーツのファン
獲得的	米騒動、商品の略奪
攻撃的	直接的暴力行為をとる
暴　動	敵対的群集が互いに攻撃
リンチ	被害者が少数
テ　ロ	被害者が不特定多数

である。上記7つの特徴が見て取れる。

群集の分類

　群集をブラウン（Brown, 1954）は図1のように分類している。ブラウンによれば群集は大きく聴衆（静的群集）とモッブ（動的群集）に分類される。前者は受動的群集であり後者は能動的で活動的な群集で情動的、衝動的、短絡的であり、また攻撃的傾向が強い。リンチやテロ、暴動、パニックはモッブの代表的なものである。この中で表出的モッブとは例えばプロ野球やサッカーのファンが挙げられる。この場合、群集に憎悪、攻撃、不安、恐怖があるわけではない。興奮を外に吐き出して気持ちを表出する。ただし禁止されると攻撃的モッブに変わることがある。獲得的モッブは米騒動の時の打ち壊しや商店の品物の略奪や銀行などの金融機関に対する取り付け騒ぎが挙げられる。攻撃的モッブは欲求阻害の状況を直接的暴力行為によって除去しようとする群集で暴動、テロ、リンチがある。暴動（ライオット、riot）は敵対的群集が互いに攻撃しあうもので、体制や制度に関して生起した場合は政治暴動であり、人種差別に関しては人種暴動となる。リンチは攻撃の対象者即ち被害者が少数の場合であり、テロは被害者が不特定多数の場合である。スケープゴートはこのブラウンの分類の中には無いが、少数者がターゲットになるのでリンチの範疇に含めることができると考えられる。パニックについてはこれから詳しく述べることにする。

パニック

　まず最初に緊急事態では人間は本当にパニックになるのかどうかということについて考えてみたい。パニックという言葉はギリシャ神話に由来する。オックスフォード英語辞典（The Oxford English Dictionary）には「Panは図2に示されているように上半身（頭、腕、胸）は人間の姿をしているが、下半身は羊の姿である。羊のような角や耳を持っている場合もある。」と記されて

図2　Panの神

http://upload.wikimedia.org/wikipedia/commons/d/d4/Le_faune_1923.jpg

いる。

　またランダムハウス英語辞典（The Random House Dictionary of the English Language）には「パニックはPanによってもたらされる突然の圧倒的な恐怖である。それはヒステリーや非理性的な行動を惹起する。そしてそれは集団を介して急激に拡散する。」と記してある。この定義によれば、パニックは個人の内的状態としては突然の異常な恐怖、外的状態としては非理性的な行動と、集団を通しての拡散を意味している。

　緊急事態の人間行動に対して、一般の人々が抱くイメージはこのようなパニックである。すなわち恐怖に駆られた多数の人々が理性を失い、原始的本能のおもむくままにヒステリックになって他者とぶつかり、あるいは蹴落としながら出口に向かって突進する。そのために群集の中で大混乱が発生し、押しつぶされたり、踏み倒されたりする人が多数犠牲になるというものである。事実そのような事例報告もある。例えば2001年の7月21日に発生した明石市の群集なだれ事故では次のような証言（日本経済新聞7月22日朝刊）がある。「駅の方から急に押される感じがして後ろ向きにひっくり返った。前も後ろも人に挟まれ体の下にも上にも人がいて、体が宙に浮いているようで身動きができず息をするのも精一杯だった。動いてくださいと泣き叫ぶ女子中学生の声が聞こえた。しかし一帯が人であふれ返っていて、しばらくは下敷きになった人を助け出せない状態だった。」

　しかし社会学者や社会心理学者の多くはこのようなパニック観について否定的である。すなわち彼らは、緊急事態においても人間は非理性的になることは殆どなく、また反社会的な行動をすることも滅多にないと主張する。例えばキーティングとロフタス（Keating & Loftus, 1981）は、毎年米国では8000名以上の人が火事で死亡しているが、それは設備の欠陥や判断の誤りが主要な原因であり、パニックによって引き起こされた非理性的な反応によるものではないと述べている。また火事に遭った人に対するインタビューでも殆どの人が自分は火事の時適応的な反応をしたと信

【パニックは頻繁には起こらない】

<u>パニックの一般的なイメージ</u>
　→恐怖に駆られた多数の人々が理性を失い他者とぶつかりあい、大混乱が発生し、多数の犠牲者が出る。

<u>多くの研究者の見解</u>
　→緊急事態においても人間は非理性的になることは少なく、反社会的な行動をとることは滅多にない
　→パニックはマスコミによって作られた神話

じていたことがわかった。

　パニックはマスコミによって作られた神話であるとみなす研究者も存在する。実際、1993年〜1995年の朝日新聞にはパニックという言葉を含んだ記事が326（1週間当たり約2回）あった。同じくこの3年間の米国の全国紙USA Todayでは649（1週間当たり約4回）あった。このことは世間一般にはパニックという言葉が火事や地震等の緊急事態における人間の情動や行動を表現する場合に用いられるだけでなく、広く人間のネガティブな情動状態や統制不可能な行動を誇張して表現する場合にも用いられるポピュラーな言葉であることを示している。

② 理性モデルと非理性モデル

パニック時の人間行動に対する見方の違い

サイムによるモデル
- ●非理性モデル
  - ●人を自発性のない物体ととらえる
  - ●その挙動は物理的条件によって決定される
- ●理性モデル
  - ●人は自発的に考え行動する主体

クァランテリによるモデル
- ●無理性モデル
  - ●人はパニック時でも状況に対応する認識はある
  - ●理性的思考レベルは低下する

モーソンによるモデル
- ●パニックモデル
  - ●強い絆のある家族が緊急に際しばらばらになる
- ●親和モデル
  - ●緊急に際し、脱出より心理的な絆の強い人に接近する

図3　パニック時の人間行動に対する見方の違い

【精神的同質性の法則】

→良識を持った人が一旦群集に入ると、群集の「集合精神」と一体となり、個人としての人格を失い、攻撃的、反社会的な行動をする

→理性的な情報選択機能が失われ、他者の行動、情動が急速に群集内に伝播（感情感染）

特徴
1. ある特定の考えに対する単純な帰依
2. 絶対的行動原理に対する全面的服従
3. 非寛容と熱狂
4. 目的のためには手段を選ばない
    例）一連のナチス・ドイツの歴史
    →匿名性、過剰刺激、異常な環境により没個性化した群集事態において、人間行動の非理性的な面が強調される

2 理性モデルと非理性モデル

　このような緊急事態における人間行動に対する2つの対立する見方がある。サイム（Sime, 1994）はそれをモデルA（工学的モデル、ボールベアリングモデル）とモデルB（社会科学的、心理学的モデル）としている。モデルAは非理性モデルで、マスコミの報道や役所の災害対策もこのモデルに沿っていることが多いとする。このモデルは人を流体や気体の変動によって動く自発性がない物体のようなものと見なす。そしてその挙動は炎や煙の拡散速度、人数、脱出口の広さや数、あるいは出口までの距離等の物理的条件によって決定されると考える。それに対してモデルBでは人を入手された情報や、集団の絆、役割等に従って自発的に考え判断し行動する主体として捉える。

　クァランテリ（Quarantelli, 1957）は理性や非理性という用語ではなく無理性（nonrational）という用語でパニック行動を表現している。彼によれば、人間はパニックの時でも状況に対する認識はあり、人間性を完全に失うことはないが、理性的思考レベルは低下する。例えばパニック状態に陥った人にとっては逃げること以外のことは頭に浮かばないことや、逃げることによってどのようなことになるのか見通しを持たないという意味で無理性であるとクァランテリは述べている。パニック反応は無理性であるが、それは必ずしも不適切な行動であるとは限らない。しばしば逃げることは最善の行動である場合が多い。

　それからモーソン（Mawson, 1980）はパニックモデルと親和（affiliation）モデルを提案している。パニックモデルは、強い絆がある家族などの1次集団でさえも避難時にはそれがバラバラになると仮定する。一方親和モデルでは災害時における避難行動は心理的な絆が強い人への接近によって特徴づけられるとした。この見解によれば親和行動が脱出行動より優先する。すなわち一人で避難するよりも、親しい人と一緒にいたいという気持ちが強くなる。これは比較動物学的な見方である。同種の生物が寄り集ま

【社会的アイデンティティーモデル】

→群集行動の発生時、個人的アイデンティティーより社会的アイデンティティーが顕在化
→人は集団に同調しようとし、標準的行動、集団規範が作られる。
→群集の非論理的行動は理性に喪失によるものではなく、集団規範に従おうとする理性的な適応による。
例）戦時における残忍な殺戮。

【理性、非理性の２つの対立するモデル】

モデルの違いが２つの異なる緊急事態の対応策につながる
1. 創発能力モデル…人間の理性や柔軟な適応能力が維持される
   →非官僚的なゆるやかに統合された柔軟な組織
2. 命令統制モデル…社会的混乱発生の必然性、個人や組織の能力の低下、人間の意思決定能力や市民社会に対する不信
   →官僚組織的構造、ルールの厳格な運用

ることは敵に対する防御能力の向上につながる。親和行動はその意味で生存にとって価値がある。

また没個性化理論（deindividuation theory）と社会的アイデンティティーモデルも緊急事態の行動の理性性に関して異なった見解を持っている。没個性化理論はル・ボンの群集行動に関する古典理論を発展させたものである。ル・ボン（Le Bon, 1960）は、文明は少数の知的な貴族階級によって作られたものと考えた。そしてそれを破壊するのが群集であるとした。そしてそこには「精神的同質性の法則」が働くとした。それはごく普通の良識を持った人でも一旦群集に入り込んでしまえば、群集の「集合精神」と一体となり、独立した個人としての人格を失い、衝動的、短絡的、攻撃的、破壊的、盲目的、非合理的、反社会的な行動をするというものである。群集によって人が潜在的に所有していた「民族の血や本能」があらわになるのである。そのような状況では外界の刺激に対する理性的な情報選択機能が失われ、被暗示性が高まり、他者の行動や情動が急激に群集成員間に伝播するとした。これを感情感染と言う。群集はいわば一種の催眠状態・病的状態に陥っているとも言えるかもしれない。これはある特定の宗教やイデオロギーに対する狂信状態と似ている。ヒットラーのファシズムやオウム真理教のようなものと似ているところがある。その特徴として第1にある特定の考えに対する単純な帰依（世界に冠たるドイツ、ユダヤはドイツの経済や社会に巣くう悪魔、世界を支配すべき優秀なアーリア民族）、第2に絶対的行動原理に対する全面的服従（総統ヒットラーに対する全面服従、ユダヤ人大量殺戮の責任者アイヒマンは裁判の前の尋問に対して、もし総統が父を殺せと言ったならそれに従ったでしょうと言っている）、第3に非寛容と熱狂（敵や反対者を人間とは見なさないが、一方ヒットラーがひとたび演説をすれば嵐のような拍手と総統万歳の声がわき上がる）、第4に目的のためには手段を選ばない（ドイツを中心とした理想社会実現のためには少々の犠牲もやむを得ないとしてホロコーストや戦争を引き起こす）などが挙げられる。

この理論によれば群集事態での自意識の低下と社会的評価に対する無関心が罪悪感や恥、罰の恐怖を低下させ、これが反社会的、非倫理的行動を促すことになる。没個性化は匿名性、過剰刺激、異常な環境などによってもたらされる。このように没個性化理論は人間行動の非理性的な面を強調する。

　一方、社会的アイデンティティーモデルによれば、群集行動が発生しているような状況では個人的アイデンティティーよりも社会的アイデンティティーが顕在化し、集団規範に対する感受性も高まる。そして群集の非倫理的行動は理性の喪失によるものではなく、その事態特有の規範の発生とそれに対する人間の理性的な適応によるものとする。集団になれば同調行動により人の行動はだんだん似てくる。つまり集団の標準的行動が形成される。これが集団成員の行動に影響を与えるようになり、それに成員が従うよう有形無形の集団圧力がかかる。これを集団規範という。ところで、災害や経済恐慌などの異常事態では通常のやりかたでは事態に対処できないことがありうる。即ち平常時の社会規範に従っていたのでは生存できなくなる可能性もある。そこで異常時特有の規範が発生しそれに従って人々は行動する。良識ある人が群集事態で暴徒と化すのは、その時の他の人々の標準的行動、即ち規範に従って行動するためである。また戦時において時に残忍な殺戮を行う兵士の行為も見方によってはその時の規範に従った行為であろう。平時と戦時では人々が従う規範が異なるために平時において戦時の行為の評価をするのはこの意味では難しい面がある。

　このような理性と非理性の2つの対立する考えは2つの異なる緊急事態の対応策に行き着く。それは創発能力モデル（emergent human resources model）と命令統制モデルである。前者は緊急事態においても人間の理性や柔軟な適応能力や自発性が維持されることを前提とする対策であり、後者はそのようなものが失われることを予期した対策である。命令統制モデルは命令系統が厳格である軍隊のような組織を想定する。このモデルは緊急時の社会

的混乱発生の必然性、事態に対処すべき個人や組織の能力の低下、人間の意思決定能力や市民社会に対する不信を前提としている。そして官僚組織的構造設立やルールの厳格な運用と、場当たり的対策ではなくきちんと文章化された官僚組織的な手続きこそ効果的な対応策であるとする。それに対して、創発能力モデルは非官僚的なゆるやかに統合された柔軟な組織こそ緊急時の人々の要請に応えうることを強調する。

❸ 理性モデル、非理性モデル対立の原因

【理性モデル、非理性モデルの対立的見方が生じた原因】

1. 研究対象とした災害の種類が次の次元で異なる
    1) 空間構造、2) 被災者の数やその密度、3) 脱出許容時間
    → 非理性的な行動を発生させる災害状況ではない場合もある
    → それを対象とし非理性的な行動が発生しなかったと結論付ける研究もある
2. 災害分析の視点が行為者と観察者では異なる
    → 観察者の視点…非理性的（煙や火に向かって突進したために命を失った）
    → 行為者の視点…理性的（煙や火の向こう側に出口があると思っていた）

3 理性モデル、非理性モデル対立の原因

　このような2つの対立的見方が生じる要因の一つは理性モデル支持者と非理性モデル支持者が異なった種類の災害を研究対象としたこと、それから前者が行為者（アクター）としての被災者を研究対象としたのに対して後者が被災者を観察者（オブザーバー）の立場から分析したことが考えられる。

(1) 災害の種類（物理的空間構造と人数と緊急度）

　一口に災害といってもその時間的空間的広がりは様々である。1995年1月17日に発生した阪神大震災や1994年1月17日のロサンゼルスのノースリッジ地震のように広範囲に、しかもその影響が数年にわたって残るような災害もあれば、航空機の火災事故のように狭い空間の中で、しかも2～3分で決着がつくような災害もある。

　パニック発生に影響を与える物理環境的要因として、第1に空間構造がある。被災者が置かれた物理的空間構造は様々である。一つの狭い出口しかないような部屋に人々が集合している場合もあるし、広場で爆弾が爆発した場合のように人々が同時に、しかもあらゆる方向に逃走することが可能な場合もある。人々の行動は隘路であるとか迷路であるとかあるいは複数の出口が存在する場合であるとかのように部屋の形状や通路の形状、すなわち物理的空間の形状によって大きく左右される。社会心理学者によって行われた従来の災害調査研究はこのことをあまり考慮していない。

　第2に被災者の数やその密度も行動に影響する重要な要因である。物理的空間構造や状況が被災者にとっていかに絶望的であっても密度が低ければ、他者を押しのけて脱出するパニック発生の可能性は低くなる。

　第3に災害発生に気づいてから脱出が完了するまでの脱出許容時間も被災者の行動に影響する。もし時間がなければたとえ他の

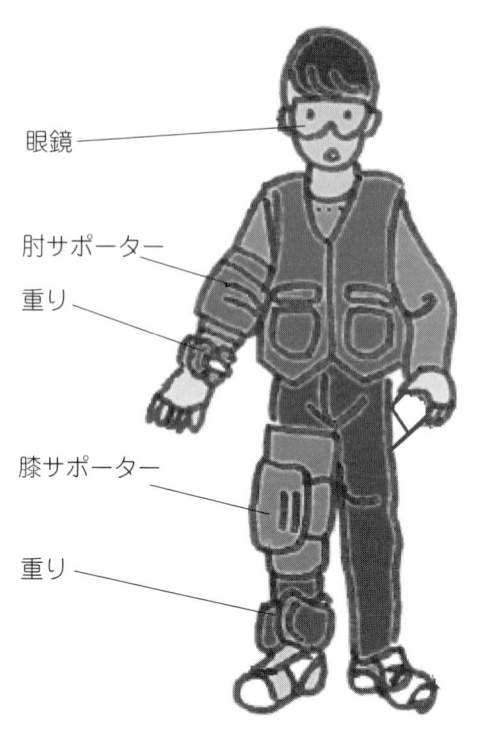

図3　プロテクターをつけた状態

図4　群集衝突実験の様子

合理的方法があっても柔軟な対処ができなくなる可能性がある。

　池田（1986）は、1983年10月3日に発生した三宅島の雄山噴火や1981年10月31日に神奈川県平塚市で発生した地震発生の誤報騒ぎに巻き込まれた被災者の証言から、緊急事態における非理性的な行動の存在を否定している。しかしいずれの災害も2～3分の間に脱出しなければ死んでしまうようなものではなく、また人々の密度が高いわけでもなく、さらに多数の人々が狭い少数の出口から競争して脱出しなければならないような状況でもなかった。すなわち非理性的な行動発生の物理的条件が存在していなかったと言える。またドナルドとキャンター（Donald & Cantor, 1992）も地下鉄駅火災の死者の行動を分析してやはり非理性的な行動が見られなかったことを報告している。しかしこの火災もフラッシュオーバーが発生したのは火災発生から10分以上経過してからであった。また5～6箇所の出口があった。このような研究者はいずれも非理性的な反社会的な行動が発生していないことを強調している。しかしこれらの災害は物理的空間構造の面から見ても脱出許容時間の要因から考えても非理性的な行動が発生する状況にはなかったとも考えられる。

　そこで釘原（2007）は群集の遭遇衝突に関する野外実験を行い、物理的空間構造と集団成員の特性（老人などの社会的弱者）の存在が群集の混乱に与える効果について吟味した。具体的には異方向に移動する複数の集団（25名の2集団、全体で50名）が速歩状態で衝突するような希有な事態を設定した。実験参加者は転倒に備えてヘルメットと膝・肘・手にプロテクターを装着した（図3）。集団の挙動は屋上から撮影した（図4）。実験では対向（正面衝突）、交差（90度の角度で交差）、合流の三条件を設定した。それから衝突の瞬間に譲歩するように要請した参加者、譲歩しないように要請した参加者、自然に振る舞うように要請した参加者の混合比率を操作した。実験の結果、対向条件では速やかに筋状の流れが形成され構造化された離合が生じた。それに対して交差条件では流れの構造化が生じにくく混乱がなかなか終息しなかっ

た。このように物理的要因が群集行動に影響することが確認された。それから全員が同じ性質であるより、異なった行動傾向がある者が混合していた方が、すなわちヘテロ集団の方が移動はスムーズであった。この結果は強者ばかり、あるいは弱者（図3のように視覚が低下するゴーグル、左ひじと左ひざの関節の動きが鈍くなるサポーター、耳栓、左手首と左足首につけるおもりを装着している）ばかりよりも強者と弱者が適当に混合した場合の方が集団の動きはスムーズになることを示唆している。

(2) 災害分析の視点（行為者からの視点と観察者からの視点）

　ジョーンズとニスベット（1971）によれば自分自身の行動の原因は外的要因に帰属し、他者のそれは内的なものに帰属する傾向は行為者−観察者効果と呼ばれる。またブラウンとロジャースによれば良い結果は内的要因に、悪い結果は外的要因に帰属する傾向は自己防衛的バイアスがある。このような認知バイアスが存在することは行為者や観察者のいずれか一方からの視点からだけで緊急事態の行動の意味づけをすることは問題があることを示唆している。例えば煙や火に向かって突進したために命を失った人の行動は観察者からの視点に立てば非理性的であるが、当人はその向こう側に出口があると思ったためにそのように行動したと答えるかもしれない。あるいは倒れた人を踏みつけて脱出した場合でも、後ろから押されたため倒れた人を避けようがなかったと答えるであろう。あるいは狭い出口に多数の人が殺到したために、出口が詰まってしまって結局誰一人脱出できないような状況が発生した場合、行為者は待っているよりも殺到した方が脱出の可能性は高いと考えたと答えるであろう。これは行為者にとっては理性的な行動である。このように緊急事態の行動は行為者の視点に立てば殆どが理性的な行動と解釈されてしまう。

　キーティングとロフタス（1981）は火事の被災者の行動をレビューして、観察者から見て非適応的と思えるような行為者の行動を行為者自身は適切な反応をしたと思っている場合が多いことを

指摘している。事後インタビューではほとんどの被災者は合理的な行動理由を語る傾向がある。面接調査や質問紙調査は被災者が自分が行ったネガティブな行動を言いたがらないから、そこを抽出できないという点で弱点があるとも考えられる。

それから安倍（1986）らが「混雑したデパートで火事や大地震にあったらどうするか」というテーマで東京・上野「松坂屋」の店内の客と、周辺地域に住む主婦計600人に調査したところ周囲は混乱してパニック状態になるが、自分は冷静に誘導・指示に従うことができると思っていることが明らかになった。すなわち自分は理性的、他人は非理性的な行動をするとたいていの人が思っている。

以上のことから、人が緊急事態に遭遇した場合、物理的環境条件や密度や許容時間によって理性的にも非理性的にもなることが予測される。また同一の行動が行為者の視点からは理性的と解釈され、一方観察者の観点からは非理性的と解釈される可能性がある。

④ 絶体絶命の極限事態でも人間は理性的に振る舞うのか

(1) 航空機事故の分析

【「1996年ガルーダ航空機865便　福岡空港離陸失敗事故」分析】

> 1．機体損壊が激しかった後方領域ほど家族や同僚や友人からの援助を受けた割合が高い
> 2．後方領域のほうがリーダーシップを発揮する人が発生する割合が高い
> 3．左主翼上の機体中央付近の非常口は激しい混雑が生じたが、他者に対する同調や追従の発生があった。

【分析結果…理性モデルの妥当性が相対的に高い】

> 危険の程度が高いほうがより日常の役割や絆を顕在化
> 　密度の高い状況→自分…理性的　他者…非理性的と知覚→他者の存在による危機、人間による危機は混雑や盲目的追従、非理性性を高める

写真2　ガルーダ航空機炎上の様子
http://www.asahi-net.or.jp/~MI8N-AMN/giaenkei2.jpg

4 絶体絶命の極限事態でも人間は理性的に振る舞うのか

(1) 航空機事故の分析

　次に実際に発生した事故を取り上げ、極限状況における人間の理性について考察してみよう。1996年6月13日12時8分頃、ガルーダ航空機865便は福岡空港離陸失敗事故を起こした。同機は離陸滑走を開始直後、エンジントラブルが発生した。機長は緊急停止操作を行い、そのために機体は滑走路を逸脱し、飛行場南側の県道を越え空港管理用地内で大破し炎上した（写真2）。また機体から脱落したエンジン、左右主脚その他の機体破片等が広範囲にわたり散乱していた（運輸省事故調査委員会）。この事故では乗員乗客合わせて275人中、乗客3人が死亡し、その他多数の人（99名）が負傷した。本事例は異常な危機事態で、2～3分で脱出しなければ確実に死に至る事態であった。

　被災者の証言から事故発生直後、機内が激しく損壊したことがわかる。ただ機内前方1／3程度は破損の程度が少なかったようである。しかしそれより後方では天井が落下したり、荷物や座席が飛んだり、足下からバーナーのように火が吹き付けてきたり、黒煙で1メートル先も見えなくなり、また呼吸も困難になったようである。特に最後部では機体が折れ非常口へ向けて上り坂になっていたり、壁や天井に周りをふさがれたりして脱出も難しかったことがうかがえる。死者が出たのも最後部である。

　260人の乗客のうち219人にアンケート並びに電話によるインタビューを実施した。調査時期は1996年6月17日から7月14日まであった。

　分析の結果次のことが明らかになった（Kugihara, 2005）。その第1は機体損壊が激しかった後方領域ほど家族や同僚や友人からの援助を受けた割合が高かったことである。後方領域の乗客の具体的証言としては次のようなものがある。「前方の出口に座席の上を進み、あわてて降りたとたんに左足が座席の間にはさまれ

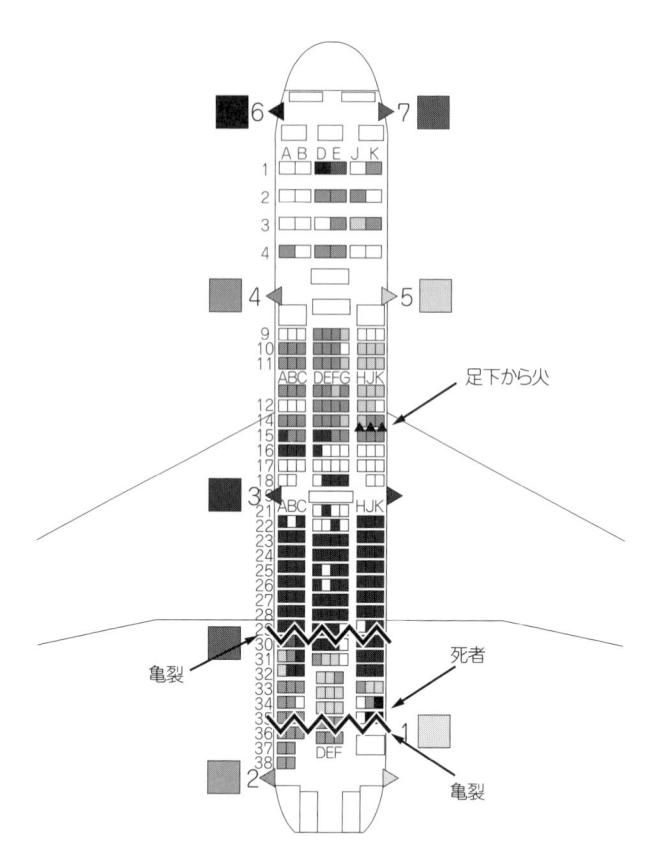

図5　乗客の座席位置と脱出口の選択

て身動きが出来なかった。人々に押されて倒れた。踏み倒されると思い、必死で座席の端にしがみついていた。ちょうど友人の顔が見えたので、はずしてと頼みはずしてもらった。」「妻・子供・親・兄弟の声に励まされた。」「子どもの泣き声に気づいてくれたのか、後方の非常口付近におられたTさん（知人）が、子どもを先に渡してと声をかけてくれた。子どもをお願いしますと言った。夫が私から子どもを受け取りTさんに手渡そうとした時足下が悪く亀裂の方にずるずると滑り落ちそうになった。私はあわてて夫の腕を引っ張りあげ子どもを受け取りTさんにもう一度お願いしますと言って私ごと引っ張りあげてもらった。」

第2は後方領域の方がリーダーシップを発揮する人が発生する割合が高かったことである。そのリーダーは殆ど社会的地位が高い（会社の経営者や専務、医者等）男性16名であった。証言として次のようなものがあった。「荷物はいいから早く逃げなさいと自分が会社の部下に声をかけた。爆発するかもしれないから早く機体から遠ざかるように言った。」「すごい悲鳴が聞こえていたが、一方後ろの方で若い男性の声で、落ち着いて！大丈夫だ！などの大声が聞こえていた。それでこちらの気持ちも落ちついた。ああいうのを天の声というのかもしれない。」「機体が止まってから、ベルトを外せ！出るぞ！出るから落ち着け！火が入ってきたぞ急げ！と言った。自分が出した声にまわりの人が反応した。」

第3は図5に示しているように、左主翼上の機体中央付近の非常口から120名以上の人が脱出したためこの出口付近で激しい混雑が生じたことである。ここでは密度が高くなり、他者に対する同調や追従の発生があった。次のような証言があった「よく分からないが、前の人が行く方向について行き、前の人の背中だけを見た。通路まで行くと、もう人の波ができていたので、それに押されて進んだ。」「通路に出てからは人の混乱に紛れて、後ろの人に押されて非常口から外へ出た。」「右後方を見ると1人2人裂け目の方に向かっているのを見て自分もその方に行って飛び降りた。」

(2) 緊急事態の避難行動に関する実験

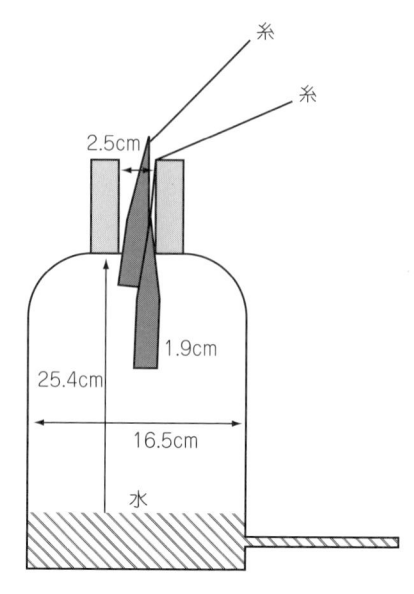

図6 ミンツの実験装置

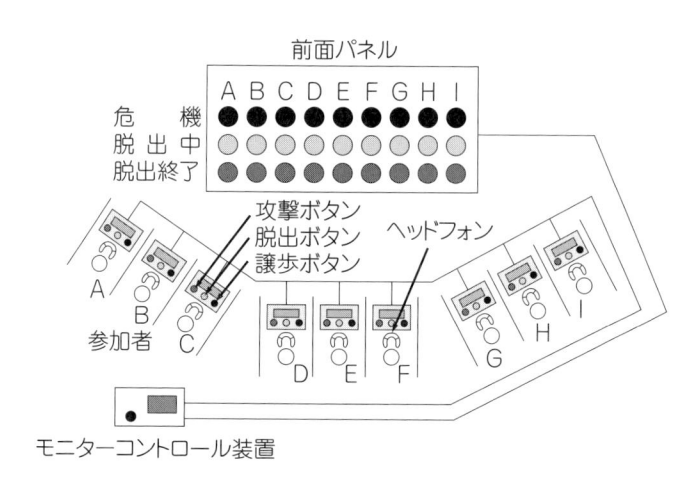

図7 隘路状況設定装置

上述の結果から理性モデルと非理性モデルを比較すれば理性モデルの妥当性が相対的に高いように思われる。その理由は危険状況では日常の絆がバラバラに壊れて、人々が我先に逃げるというのではなく、危険の程度が高い方がより日常の役割（リーダーシップ）や絆（援助行動）が顕在化したことによる。

　ただし密度が高い状況では、被災者は自分は理性的であるが、他者は非理性的な行動をしたと知覚する傾向があることも明らかになった。また上述の第3の結果から危険知覚よりも密度の高さの方が群集の混乱に影響することも示された。
　このことから物理的危機は人々の理性性をかえって高めるが、他者の存在によってもたらされた危機、人間による危機は混雑や盲目的追従、つまり非理性性を高めることが示唆された。

(2) 緊急事態の避難行動に関する実験

　そこで実験によって緊急事態の行動をさらに詳しく分析することを試みた。釘原（1995）は下記のような条件が全て揃えばパニックになる可能性が高くなると考えた。その第1はある程度の危機の存在、第2は逃走する以外に適切な対処手段がない状況、第3は時間が切迫していて脱出可能性が低下している状況、第4は逃走に際して他者と競合する状況の4つの条件である。火災のような物理的危機の場合は、これに加えていくつかの副次的条件、例えば人々の過剰な集中と混雑、混雑や騒音や煙による知覚能力の低下、不正確な警報の発令や遅れ、不適切な誘導などが挙げられる。ただし、経済パニックと災害時のパニックに共通する条件は上記4条件である。この4条件が不安定な報酬構造を形成する。これは他者の行動如何によってポジティブな報酬構造（例えば脱出可能な事態）からネガティブな構造（脱出不可能な事態）へ容易に転換してしまうような事態である。2006年1月18日に起きた事件はこの4条件が揃えば容易にパニックになることを示している。東京証券取引所はライブドアの家宅捜索をきっかけとした株

【経済的パニックと災害時パニックに共通する条件】

1. ある程度の危機の存在
2. 逃走する以外に適切な対処手段がない状況
3. 時間が切迫していて脱出可能性が低下している状況
4. 逃走に際して他者と競合する状況

【パニックの実験から明らかになったこと】

1. 集団のサイズと比例する形で脱出所要時間や脱出口の幅が増大しても、脱出成功率は一定にならない
2. 攻撃が攻撃を誘発するという悪循環の発生により脱出成功率が極端に低下
3. 中規模サイズ（6人）が最も活発な脱出や攻撃反応（個人当たりの）を示した
   →パニックは脱出に見通しが半々の所で発生しやすい
4. 恐怖事態では、無恐怖事態と比べて他者の行動に追従する同調が強くなる
5. 恐怖事態では自分が選択した脱出口に執着する
6. 集団成員（9人）に自由に発言させると、1～2人が終始発言し、緊急事態ではリーダーシップの集中化が起こる
7. リーダーの発言のうち集団の脱出成功率を高める発言は実験開始直後の初期発言である。時間が経過するに従って、発言の効果は低下

の売り注文730万件が殺到して処理能力の限界を越えそうになり売買停止に追い込まれた。株価も前日に比べて一時746円も低下してしまった。ライブドア株の取引数は全体の取引数の中では微々たるものであるがそれが一挙に広がり株価全体の下落を引き起こした。谷垣財務相は「狼狽売りの面もあり冷静な対応を」との呼びかけをおこなった。この事件は上記4つの条件を全て満たしている。金銭を失うという危機、売る以外に方法がない状況、株価は時間が経つに従ってますます低下し、ぐずぐずしていれば紙切れになってしまう可能性、多数の投資家が売るために殺到している状況である。

パニック行動や危機事態における集合行動に関する従来の実験的研究といえばミンツの実験が有名である。ミンツ（Mintz, 1951）は複数の被験者達（15名から21名）が瓶の中から、糸に結びつけられた円錘体を取り出すという実験課題を設定した。但し瓶の口が狭いために、円錘体を同時に2個以上取り出すことはできないようになっていた。そのために、複数の被験者が同時に取り出そうとした場合、出口が閉塞状態となる。即ち混雑（jam）が生じる。また、瓶の下方からは水が少しずつ注入された。被験者に与えられた課題は自分の円錘体が水に触れる以前に、それを取り出すというものであった。図6はミンツの装置である。

この装置がパニックの実験的研究の基本的モデルとなった。そしてそれ以後もこれとほぼ同じタイプの装置を用いた研究が行われている。これを釘原（1980）は電子装置で置き換えた。

A）実験装置と実験手続き

図7は実験装置の配置図である。実験室にはAからIまでの9つのブースが置かれた。各ブースの机上には脱出、攻撃、譲歩の3つのボタンと発光ダイオードのカウンターがついたボックスが置かれた。

またそこにはヘッドフォン及び電気ショックを与えるための電極も用意された。全被験者の前面約2.5m先には赤、黄、青のパ

【実験例とガルーダ事故の調査結果との相違点】

1. 実験の場合…物理的脅威が大の条件の時、非理性的行動が顕在化
2. ガルーダ事故の場合…物理的脅威が大の状況では理性的な行動が顕在化
   →集団成員間での面識の有無が原因と考えられる

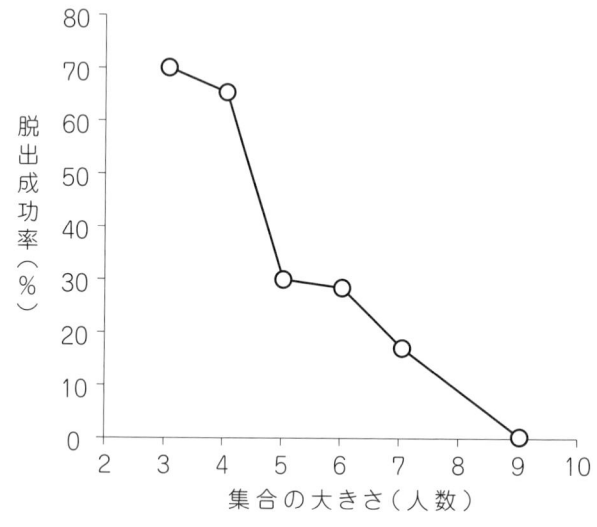

図8　集合の大きさと脱出成功率

イロットランプがそれぞれ9個、計27個取り付けられているパネルが置かれた。このパネルは全ての被験者から見えるように配置された。

　実験が開始されると同時に、前面パネル上の赤ランプが一斉に点灯する。このランプは危機状態（電気ショック発生装置からの電撃）接近を示す信号である。この合図とともに被験者は脱出ボタンの打叩（脱出反応）を開始する。脱出反応が試みられると前面パネル上の赤ランプが消えて黄ランプ（脱出反応信号）が点灯する。同時に、被験者の机上に置かれたカウンターが脱出ボタンの打叩回数を示す。これにより被験者は出口までの距離を知ることができる。

　但し、ある被験者が脱出ボタンの打叩を行っている時、他の被験者が1人でも脱出ボタンの打叩をしはじめると当人はもとより、全被験者のカウンターはストップし、脱出ボタンをいくら押しても数字を刻まなくなる。即ち、混雑状態となる。この状態になると4.5KHzの信号音がヘッドフォンを通して鳴り始める。この状態が続く限り、誰一人脱出できないことになる。従って被験者は攻撃か譲歩の混雑解消手段を執ることになる。攻撃ボタンがある被験者によって押された場合、当人以外の他の全ての被験者のカウンターの数値がゼロに戻ってしまう。即ち、出口から最も遠い最初の出発点に押し戻されたことになる。また前面パネルの黄ランプが再び赤に変わる。勿論、複数の被験者がお互いに攻撃ボタンを押した場合、お互いのカウンターがゼロとなる。一方譲歩ボタンが押された場合には、攻撃ボタンの機能とは逆に、譲歩ボタンを押した当人のみが出発点（カウンター数値がゼロ）に戻ることになる。また前面パネルの黄ランプが赤に戻り、他者が優先できるような状態になる。

　このように混雑が発生した場合、攻撃や譲歩をすることによって、それを解消しながらカウンターが100を示すまで脱出ボタンの打叩を続けることができれば、脱出に成功したことになる。脱出に成功すれば前面パネルの青ランプが点燈する。

被験者には次のような教示をおこなった。「本研究はパニックの研究であります。制限時間内に、1つしかない出口から脱出しないと電気ショックが与えられます。しかし、その出口は同時に複数の人が通り抜けることは不可能であり、1人ずつしか脱出できないのです。」ここで、被験者に実験参加についての了解を得た後、被験者の左手人差し指と中指に電気ショックの電極が着けられた。さらに電気ショックがくるという真実性を増すために80VPPmax、25Hzのサンプルショックが与えられた。そして次の教示をおこなった。「もし制限時間内に脱出しそこなうと、このような電気ショックの5倍の強さのショックが来ますから覚悟して下さい。但し、決して気絶したり死んだりすることはありません。」このような教示を行った後、被験者にかなり大きなザーッというホワイト・ノイズ（雑音）が常時発生しているヘッドフォンをつけた。

　実験開始とともに実験室内は暗室となる。従って被験者は装置から発生する夜光塗料とパイロットランプ、並びに発光ダイオード等から出るわずかな光を除いては他には何も見えない状態におかれた。

　このような装置を用いて様々な条件を設定して実験を行った。それからこの実験装置とは全く別の装置を使った実験も行った。例えば集団迷路脱出実験や複数の出口があり、多数の人が出口の選択に迷い集団で右往左往する状況を設定した実験である。このような実験から次の7点が明らかになった。

　1．集団のサイズと比例する形で脱出所要時間や脱出口の幅が増大しても、脱出成功率は一定にならない。この実験の場合1人当たりの脱出許容時間として30秒が与えられた。これは脱出ボタンを100回打叩するのに約20秒くらいかかるのでそれに10秒の余裕時間を与えて30秒としたものである。ゆえに3人集団の脱出許容時間は90秒で9人集団の場合には270秒となる。それにもかかわらず集団サイズが大きくなれば脱出成功率が低下した。このよ

うに集団のサイズが増大した場合、脱出所要時間の延長や出口の幅員の増大にも関わらず混雑が増大し脱出成功率が低下することが明らかになった（図8）。

　別の実験では3人集団では1人ずつしか脱出できないが、9人集団では同時に3人が脱出できるような状況も設定した。それでもやはり被験者が他者を攻撃できる手段を持っている場合9人集団の方が脱出が困難であることがわかった。

　集団サイズが大きい集団が短時間に狭い出口から逃れる場合に問題になるのは、出口で生じる「アーチ・アクション」（せりもち）と、それが崩壊する群衆雪崩である。後方からの圧力が加算され、それが全部前方にかかるために群衆の密度が8－10人／平方メートルに近づけば、人は身動きできなくなり、人の圧力の衝撃波が伝播して将棋倒しが発生しやすくなる。体は持ち上げられ、服が破れ、熱と圧力（場合によっては小錦の体重以上の圧力450kgがかかる場合がある）が体力を急激に消耗させる。明石の事故では幅6メートル、長さ100メートルの歩道橋に5000人以上の人がいたと見積もられている。これは1平方メートル当たり8人以上である。体力的に劣った子供や老人が呼吸困難になるのは不思議ではない。また出入口ではアーチ・アクションが生じ、出口が開いているにもかかわらず、そこに人々がせりもち状に並んで1人も通過できない現象が生じる。この状態にさらに圧力が加わり密度が13人／平方メートル以上になればアーチが圧力に抗しかねて崩れる群衆雪崩が発生する。ガルーダ航空機の事故では主翼の近くの非常口に120名以上の人が殺到して、将棋倒しが発生する寸前であったことが乗客の証言の中にある。

　2．攻撃が攻撃を誘発するという悪循環の発生により脱出成功率が極端に低下することが示された。図9は6人集団で脱出に失敗したケースの脱出パターンの例を示したものである。図の上方は脱出ボタンの打叩時間を被験者（A、B、C）毎に示したものである。横軸は制限時間までの時間経過を示す。図の下方の折れ

図9 全成員脱出失敗例

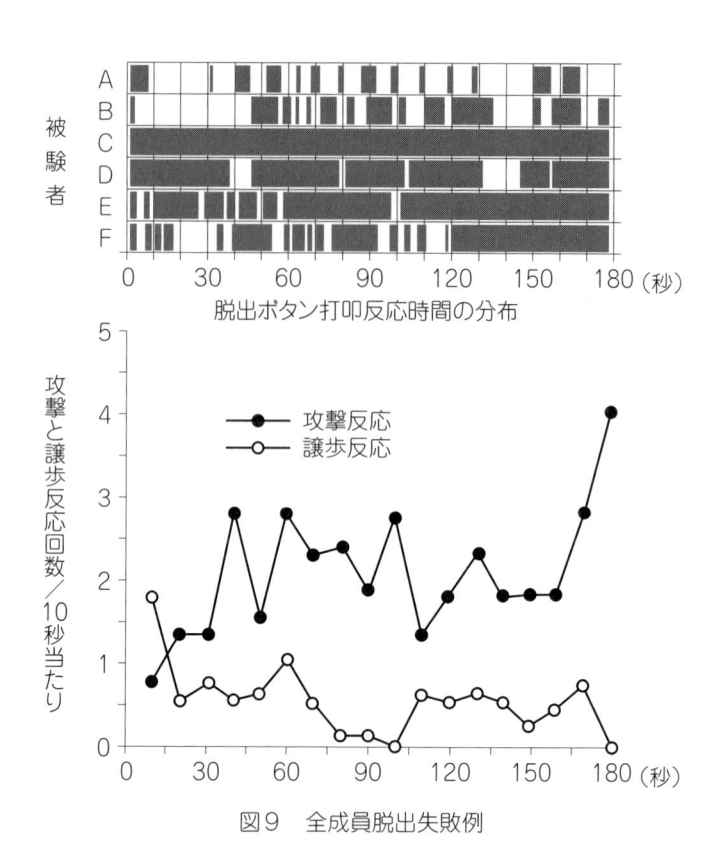

線グラフは時間経過に伴う攻撃反応量、譲歩反応量の変化を示したものである。この図の縦軸は被験者1人当たりの10秒間の攻撃と譲歩ボタンの打叩回数の平均を示したものである。このケースでは全ての被験者が絶えず脱出ボタンの打叩を行っており、特に被験者C、D、Eは実験開始直後から制限時間に到るまで、ほぼ連続的に脱出ボタンの打叩を行っていることが示されている。それから時間経過に伴って譲歩反応が低下し攻撃反応が上昇している。脱出に失敗した集団は例外なくこのような傾向を示した。

3．中規模サイズ（6人）集団で最も活発な脱出や攻撃反応（個人当たりの）が見いだされた。この結果は、パニックは脱出の見通しが半々の所で発生しやすくなることを示唆している。まったく絶望的なところや努力しても無駄なところ、例えば海底に沈んだ潜水艦やハイジャックされた航空機の中ではパニックは発生しようがない。ガルーダ航空機事故の証言の中に「がれきの下にいる私の上を踏み越していった人がいる」というものがあった。脱出の可能性がある時こそ、そのような、他者を踏み倒してでも、あるいは他者と競合することも構わずに行動することになるのであろう。

4．電撃が与えられる可能性がある恐怖事態ではそのような可能性がない無恐怖事態と比べて他者の行動に追従する同調傾向が強くなった。

5．恐怖事態では最初に自分が選択した脱出口に執着して、その出口を通っては脱出できない可能性が高い場合でも、他の出口に移ることをしない傾向が見られた。

6．実験中に集団成員（9人）に自由に発言させた場合、その中の1人〜2人が殆ど終始発言し、集団の全発言量の8割以上を占める傾向が見られた。その内容は他者に指示、命令するものが

【脱出の事例や実験から明らかになった心理メカニズム】

寸刻を争う緊急事態では、今までの良く学習された行動が出やすい

1. 慣れ親しんだ人に対する接近
    → 家族が揃うまで脱出しない傾向がある
2. 慣れ親しんだ場所に対する接近
    → すぐ近くに別の出口がある場合でも、わざわざ遠い出入口を利用する
3. 慣れ親しんだ光景に対する接近
    → 安全な世界に早く帰りたいという欲求が、地表までの距離を実際よりも近いものと錯覚させる
4. 慣れ親しんだ役割を取ろうとする
    → 集団の高い地位の人がリーダーシップを発揮する
5. 良く慣れた行動をする
    → 災害時、事態が曖昧で不明確な場合、個人が冷静に判断せずに他の人に追従する
6. 慣れ親しんだ生活や行動を続けようとする
    → 緊急時それを認めたがらないNormalcy bias（正常化偏見）という現象がある
    → 狭い範囲の情報で周囲に異常がないと、自分の所だけ大丈夫と思いこむ
7. 慣れ親しんだ所有物や脱出方法に対して固着する
    → 靴など自分の所有物を執拗に探しまわる
    → いったんある出口から脱出を始めるとそこに固着する

主であった。このように緊急事態ではリーダーシップの集中化が生起した。

　7．リーダーの発言のうち集団の脱出成功率を高める発言は実験開始直後の初期発言であった。時間が経過するに従って発言の効果は低下した。ガルーダ航空機の事故でも、「落ちつけ」というある乗客の発言は、事故発生から間もない時期に行われていて、それが脱出効率を高めたのではないかと推測される。

　これまで行ったいくつかの実験により、上述したようなことが明らかになった。ただ実験結果とガルーダ事故の調査結果で若干の相違点がある。それは物理的脅威が大の条件、つまり電撃が予想される条件や集団サイズが大きくて脱出が困難な条件の方が混雑が大になり、非理性的行動が顕在化する結果が得られたことである。一方ガルーダ事故の場合は物理的脅威が大の状況で理性的な行動が顕在化した。ただしガルーダ事故の場合は、乗客の殆どが職場旅行の団体旅行客で互いに面識がある人が多かった。面識が無い場合は実験と同じようになる可能性がある。事実それを示唆するような事例報告もある。例えば1993年5月3日の朝日新聞の朝刊に次のような記事があった。「いつ爆発するかわからない。機体から遠くへ逃げてください」。スチュワーデスの叫び声で、乗客475人が乗った最新鋭ジャンボの機内は、パニックに陥った。雨の羽田空港で2日夜、起きた全日空機事故。白煙が立ち込め、明かりが消えた機内では、乗客が先を争って非常口に殺到。非常口周辺は乗客が折り重なりあい、後ろからけられたり、押し出されるようにして脱出した。シューターがぬれていたため、多くの乗客がコンクリートの滑走路にたたきつけられ、重軽傷を負った。この事故では乗客は殆ど互いに面識がなかったものと思われる。そこで次の実験では集団成員間に面識がある場合と無い場合に、物理的脅威や、人間による脅威が理性にどのように影響するか検討してみる必要があろう。

【災害時の人間行動の特徴】

1. 個人の避難傾向（頭上から物が落ちてくる実験）
    安全に避難できたのは全体の15％
    その場でしゃがみ込んだり、硬直したりする反応が多い
    退避方向としては後方が６割
    横方向は利き腕の反対側が多い
2. 傍観者効果に関する実験（部屋に煙が入ってくる/ある人が発作で倒れる）
    一人でいるとき→その出所を調査、報告/急病人を看護
    部屋に複数人いる→見ても見ぬふりする人が多い

原因
　①多数の無知あるいは多元的衆愚
    他の人が援助しない様子を見て、援助しないことが適切であると誤認される
　②責任の分散
    他に人がいると、援助に対する責任性や援助しないことへの避難や罪の意識が分散する
　③聴衆抑制
    援助が不必要な事態で援助したり、援助に失敗した場合、人の前で恥をかくことになる

いずれにせよ上述のような事故や実験の結果から次のような心理的メカニズムが機能することが推測される。つまり寸刻を争うような緊急事態では、生理的あるいは心理的に非常にかき立てられた状態になる。そうすれば今までに良く学習された行動（その人にとって簡単な単純な行動）が出やすくなる。逆に複雑な思考や判断を必要とされるような行動は抑制される。つまり自分が慣れ親しんでいる行動の枠組みに沿って、自動機械のような反応をする。緊急事態だからといって普段と突然違った行動が出てくる訳ではなく、普段は無意識に行っている行動が強く表面に出てくる。

　具体的には、以下の7つが明らかになっている。

１．慣れ親しんだ人に対する接近

　ガルーダの事故では、団体旅行客が大部分を占めていたためか、全体で40％の人が家族や知人と一緒に行動したと報告している。ある外国のビル火災の事例研究の結果は親しい人どうし、特に家族は集まって脱出するということを示している。そのために災害発生時に離ればなれになっているような場合、家族が揃うまで脱出しない傾向があるとも言われている。これが仇になってかえって集団の脱出を遅らせることもありうる。

２．慣れ親しんだ場所に対する接近

　この事故でも、乗客の中には自分が乗ってきた搭乗口へ何も考えず突進したと報告した人がいた。このようなことから自分が日常的に利用している出入口や建物や、部屋に入ってきたときに利用した出入口から脱出しようとする傾向があることがわかる。すぐ近くに別の出口がある場合でもわざわざ遠い出入口を利用することもある。

３．慣れ親しんだ光景に対する接近

　日常の光がある安全な世界に早く帰りたいという傾向が強くな

【リーダーシップの方法として吸着誘導法】

自分の近辺にいる避難者に、自分についてくるように働きかけ、実際にひきつれて避難する方法
誘導者が人を引き付けて小集団の核となる
　→この集団がさらに回りの人を引き付ける効果
　→より短時間で多くの人を誘導することができる

【脱出行動の性差】

男性：女性より脱出が早い迷路構造の把握も正確
女性：建物の微細な特徴をもとに出口までのルートを把握する
　　→煙等で見通しが悪くなると女性のほうが迷わないで脱出できる

る。この事故の場合でも16人が外の光が漏れる機体の裂け目から脱出したことが明らかになっている。窓があるところや裂け目等に接近して、場合によってはそこからジャンプしてしまう。ある高層ビル火災では、人が雨霰のように降ってきて地面にたたきつけられて亡くなった事例がある。あるものに対する欲求が高まった場合それが近接しているように感じられる。地表までの距離を実際よりも近いものと錯覚するようである。

4．慣れ親しんだ役割を取ろうとすること

この事故では殆どの乗客が団体旅行客であった。そのような場合、その集団の高い地位の人がリーダーシップを発揮し、他の人は同調や服従行動を行う傾向がある。場合によっては日常事態よりも役割の違いが大きくなり、リーダーシップの集中化が生起する。

5．良く慣れた行動をすること

この中に同調と服従がある。同調は我々にとって慣れた行動である。我々は小さい頃から他者と同じような行動をするように日々強化されている。文化や思想や価値観等を他者と共有できるのは、ある意味では同調のあらわれであると考えることもできる。このような同調は災害時のように事態が曖昧で不明確な場合に強くなる。つまり事態を個人個人が冷静に判断せず、他の人が脱出している方向に追従することになる。この事故でも人波についていったと回答した人の割合が4割近くある。それから服従も慣れた行動である。我々は両親をはじめとする目上の人の要求に従うように小さい頃から訓練されている。異常事態では、我々に行動の指示を与えてくれる強者を待ち望み、そのような人が現れたと見るやその命令に忠実に従う。ここにも緊急事態でのリーダーシップの集中化のメカニズムが働く。この事故でも「落ちつけという人の声が神様の声に聞こえた」という回答があった。乱世が英雄を生むと言われているが、緊急事態もある意味では乱世の

ようなものでリーダーが発生しやすいと考えられる。

6．慣れ親しんだ生活や行動を続けようとすること

Normalcy bias（正常化の偏見）という現象がある。いかなる大災害が迫っていようとも我々はそれを認めたがらない傾向がある。我々の情報処理には限界があって、映像などでいくら事実がわかっても、我々の五感で知覚できない限り行動に移さないところがある。情報のもつ重みが情報源によって異なる。緊急事態では特に狭い範囲のみを見て判断する。ガルーダ事故のケースでは回りの光景が異常でない限り、回りの人々に変わりがない限り自分の所だけは大丈夫と思いこんでしまう。場合によってはこれが脱出を遅らせることにもなるし、逆に落ちついた行動をとらせることにもなる。周りの人の変わりない様子を見て落ちついたと回答した人もいる。

7．慣れ親しんだ所有物や脱出方法に対する固着

固着には自分の持ち物に対する固着と、脱出方法に対する固着がある。ガルーダの事故では、破損している機内の中を乗客が自分の靴や持ち物を執拗に探し回ったことが明らかになっている。それからすぐ近くに安全に脱出できる出口があるような場合でも、一旦ある出口からの脱出を始めるとそこに固着して動かないことがある。この事故でも、8割以上の人が自分が脱出した出口以外の出口は見えなかったとか、考えもしなかったと回答している。行動の柔軟性が失われ視野狭窄になっていることが示唆される。

この他にも災害時の人間行動の特徴として次のようなものが挙げられる。

1）個人の避難傾性

正田（1985）は危険物からのとっさの退避行動、例えば頭上

から物が落下してくるような場合の退避行動について実験的研究を行っている。この実験ではまず被験者をある建物の外壁そばに立たせ、写真を撮ると称して直立姿勢をとらせる。そして被験者の頭上7mの3階の小窓から実験助手が被験者の名前を大声で呼ぶ。被験者がその声に気づき上を見上げたら、それと同時に落下物を被験者の真上より落とす。落下物は真っ黒に塗色された30cm立方の発泡スチロールの塊であり、それは紐で窓枠に連結されていて、被験者の頭上30cm位の所で停止する。実験の結果、安全に退避できた被験者の割合は15%に過ぎなかった。特に女性の場合、防御姿勢をとらずにその場にしゃがみ込んでしまったり、体を硬直させるような反応が多く見られた。また、退避方向としては後方が多く全体の6割であった。さらに横方向の退避特性としては、右利きの人の場合左へ退避する割合が多いことが明らかになった。この結果は退避行動におけるラテラリティ（機能的非対称性）の側面の重要性を示すものである。安倍（1978）は退避行動の一般的傾向として左曲がりの方向をとることを指摘している。これは右利きの人は右足のけりが強いために起きる現象であるとされているが、正田の研究もこれを支持したと言える。

2) 傍観者効果

ラタネー（Latané）は小部屋に煙が入ってくるという模擬的な緊急事態を作って実験した。被験者の学生が部屋に一人でいるときは煙の出てくる所を調べたり、においをかいだりし、廊下に出て事情を知っていそうな人に煙のことを報告する者も多かったが、その部屋に複数でいると煙を見ても我慢したり見て見ぬふりをする人が多くなった。また発作を起こして苦しんでいる人がいる場合でも、一人の時には助けるが、複数の人がいるときには助けようとしない、他者に冷淡になる傾向が強くなることも明らかになった。その原因として

(1) 多数の無知あるいは多元的衆愚：他の人が援助しない様子を見て、援助しないことがその事態では適切であると誤って

　　　　解釈される。
　　(2) 責任の分散：他にも人がいる場合、援助に対する責任性や援助しないことに対する非難や罪の意識が人々の間で分散する。
　　(3) 聴衆抑制：援助が不必要な事態で、援助したり、援助に失敗した場合、人の前で恥をかくことになる。

ゆえに沢山の人がまわりにいるから安心だと思っていても、それが思い違いのこともある。このことは最近問題になっている電車内での暴力事件でも明らかである。

3) 吸着誘導法

　リーダーシップの方法として吸着誘導法というのがある。福岡の地下街の一画で避難訓練の際に実験が行われた。ここでは従来の典型的誘導法である指差誘導法と、新しく開発された吸着誘導法の比較検討をおこなった。指差誘導法とは誘導者か大声とともに出口の方向を指し示して誘導する方法であり、一方吸着誘導法とは、誘導者が自分の近辺にいる少数の避難者に対して、自分についてくるように働きかけ、その避難者を実際にひきつれて避難する方法である。「私が誘導します。ついてきて下さい。」実験の結果吸着誘導法の方がより短時間に多くの避難者を誘導することが見出された。これは誘導者が人をひきつけて小集団の核となり、この集団がさらに回りの人を引きつける効果があったものと思われる。

4) 脱出行動の性差

　脱出行動の性差もある。迷路からの脱出実験を行うと明らかに男性の方が女性よりも脱出が早い。また迷路構造の把握も正確である。これは空間把握能力に性差があるためだと思われる。方向音痴は女性が多い。また迷路構造の把握の仕方にも違いがある。男性は空間構造をそのまま把握するのに対して、女性は建物の微細な特徴をもとに出口までのルートを把握する。例えば廊下のシ

ミとか置物や壁の色等を記憶しながら、ルートを把握する傾向がある。ゆえに煙等で見通しが悪くなると、かえって女性の方が迷わないで脱出できることもある。

⑤ 提　言

1. 家族や知人は可能な限り接近した場所に置く
   →面識のある集団の存在がリーダーシップの発生を促す
2. 持ち物を容易に取得可能にしておく
3. 脱出口が1箇所ではないことを明確に知らせる
4. 日常指導的立場にある人が緊急時でもリーダーシップを取る
5. 複数のリーダーが協力する
   →緊急事態では集団成員の同調性や服従性が高まりパニックにつながる
   →集団のリーダーは事態をコントロールできるように協力するべき
6. 警報システムを整備する
   ①一つの集団が避難している間は他の集団は避難を控えるようなシステムを作る
   ②音声放送は避難方向や対処方法を含んだ、その場所に最も適切かつ具体的なものにする
7. 火災報知機の頻繁な誤作動が人々の信頼の低下を招く誤報効果を防ぐ
   ①防護的対策：警報を細分化し、最終段階の警報を出す可能性を少なくし、最終段階における誤報効果を防ぐ
   ②復旧対策：空振りに終わった警報と将来発せられる警報の区別をつける
   　　　　　　警報が空振りに終わった場合、そこに至った経過について詳しく説明する

5 提言

　このような緊急事態の人間行動の特徴がある。ただ緊急事態は様々である。災害の種類（航空機事故、高層ビル火災、病院火災）も災害の程度も脱出までの余裕時間も、それから人も様々である。だから対処方法もケースバイケースであり一般的かつ具体的提言をすることは難しいが、次の7点をあげよう。

　1．家族や知人が離ればなれにならないように可能な限り接近した場所に置く。

　ガルーダ航空機事故で知人や友人や家族等の他者の存在の重要性が明らかになった。即ち、そのような集団の存在がリーダッシップの発生を促し、パニックの発生を小さくし、相互の助け合いを促したようである。それから親しい人の呼びかけで我に返ったと報告している人もいる。自分の名前を呼ばれることほど心強いことはないようだ。助ける方も"誰か助けて"といわれる場合よりも"誰々さん助けて"と呼ばれる方が、切実感を感じるようだ。心には心の主体である主我と、自分を対象として見る客我がある。鏡やカメラは自分を客体視することを促進すると言われている。親しい他者の存在も鏡の作用と同じように、それがあればむき出しの主我だけの状態は避けられるかもしれない。

　2．荷物や靴のような持ち物に執着する傾向が強くなるのでそれらの物が容易に取得可能にしておく。

　3．脱出口が1箇所ではないことを明確に知らせる。

　今回の事故でも、利用可能な非常口が全て利用されているわけではなかった。危険な亀裂からの飛び降りや、一つの出口への集中殺到が生じていた。緊急時には全ての出入口にスタッフが実際に立ち人々の注意を向けさせることが必要であろう。

4．日常指導的立場にある人が、緊急時でもリーダーシップを取る。

　上司はいかなる時でも上司であり、父親はいかなる時でも父親であることを頭の片隅に置いておくべきかもしれない。部下や家族は上司や父親がどのような指示を出すか待っている。リーダーシップとして重要なことは、第1に自分がリーダーであることを事故発生の瞬間に集団メンバーにはっきりわかるように行動すべきということであろう。「俺がここにいる」でも「落ちつけあわてるな」でも「順番にいけ」でも何でもよい。リーダーが存在することが集団成員に安心感を与えるようである。また集団成員はリーダーに依存的になりリーダーの指示に忠実に従うような傾向が強くなるので、リーダーは脱出方法や方向に関する明確な情報を持っておく必要がある。リーダーに対する依存性が高まっているときに誤った指示をすれば悲惨な状態になる可能性がある。ゆえにそのような立場にある人は他の人よりもまして、少なくとも出口についての情報はしっかりと頭の中に入れておくべきであろう。

5．複数のリーダーが協力する。

　緊急事態では集団成員の同調性や服従性が高まって、1つの脱出口に多数の人が殺到してパニックが生じる可能性がある。踊り場やジャンプしなければならない場所等ではどうしても人の流れが遅くなる。それにも関わらず後ろの方からは人々が同じ早さで接近すれば、後ろから押し出されて転倒したり落下したりする人が出てくる可能性がある。そこで、少なくとも集団の前方と後方にそれぞれ1人、合わせて最低でも2人のリーダーがいて、前方のリーダーは出来るだけ速やかに脱出するように指示し、また脱出の手助けをする。後方のリーダーは前方が詰まった状態にあることをメンバーに知らせ、集団の後方の進行速度が遅くなるようにコントロールすべきであろう。

6．警報システムを整備する。

　不特定多数の人が集まるデパートや劇場ではパニックの発生が非常に恐れられている。ある大型店舗では、何か異常が生じたときにはまず軍艦マーチを流し、店員だけに異常事態発生を知らせて店員に必要な行動への心構えをさせ、そして状況のいかんによっては非常放送の手段に移るという計画が立てられている。またある劇場の火事では「劇場で火事が発生しました。大したことはありませんが、とりあえず屋外階段を開けましたから静かに退出して下さい。」といった放送を行っている。塚本（1979）によればこのように情報を過少的に伝え、まず客に落ち着いた行動をとるように仕向けているということである。このように火災発生時の放送や内容については、様々な工夫がこらされているところもある。しかし最も効果的な警報や放送内容や声の調子はいかなるものかということについて系統だった研究はほとんどなされていない。そうしたなかにあってロフタス（Loftus, 1979）は避難誘導システムを開発している。ここではその中の高層ビルと病院火災の警報システムについて少しふれてみる。

　高層ビル火災の警報システム：1960年から70年にかけて作られたビルは移動式の壁やプラスチックの家具を備え、またエアコンの効率を上げるために窓を密閉したものが多く作られた。このような中で、一旦火災が発生すれば熱や火炎が急激に広がる可能性が高い。それからビルの収容人数が大きくなったために火災時の同時避難は危険なものとなった。ロフタスは一つの集団が避難している間は他の集団は避難を控えるようなシステムを作ることを提言している。それからロフタスは音声放送システムを開発した。従来殆どのビルの火災報知システムは警報ベルが使用されていた。ベルの場合、対処方法に関する情報がないために人々の対応が遅れることになりがちである。音声放送の内容は避難方向や対処方法を含んだ、その場所に最も適切かつ具体的なものであった。

その中で例えば火災発生時のエレベータの使用方法に関するメッセージがある。現代のエレベータは緊急事態では自動的にロビーへ動くように設計されているものが多い。その場合、エレベータ乗客への速やかなメッセージが必要となる。そこで次のようなメッセージが構成された。

　①皆様に申し上げます。
　②このビルの管理者は全てのエレベータをロビーに移動させました。
　③このビルで火災が発生したとの報告がありました。
　④新たな情報をお伝えしますので、どうかロビーの方にお進み下さい。

　これらのメッセージは何が発生して、どうしてそうなったのか、そしてエレベータが停止したときどうしたらよいのかということについて正確な情報を伝えている。それからメッセージ②はビルの管理者がしっかりと状況を把握しコントロールしているとの印象を与える。メッセージ③は流言やパニックを生起させないために、緊急事態という曖昧な言葉を使用せずはっきりと火事と言っている。

　また場所によって異なったメッセージの必要性も強調している。例えば20階で火災が発生した場合、19階と20階にいる人々に対しては18階に降りるように、また21階にいる人に対しては22階に上がるよう指示がなされる。火災発生階にいる人に対しては次のようなメッセージが開発された。

　①（女性の声）皆様に申し上げます。皆様に申し上げます。
　②（男性の声）20階で火災が発生したとの報告がありました。ただいまこの報告を確認しているところですが、このビルの管理者は階段を通って18階に行くように指示しています。18

階でまた指示をお待ち下さい。どうかエレベータを使用しないで下さい。どうかエレベータを使用しないで下さい。階段をご利用下さい。

　このように重要な内容（階段を利用すること、18階に行くこと、エレベータは使用しないこと）は2回繰り返された。また日常使われている簡単な言葉が使用された。それから最初は女性の声、次に男性の声で放送するようにしている。これはこれまでの研究により、人々が放送に注意していないときでも、女性から男性への声の変化は気づかれやすいことが明らかにされているからである。そして男性の声で主な指示を行うのは、緊急事態では男性が責任を負うという慣習を考慮したものである。それから人は一般的な傾向として下に降りようとする。しかし多くの人が狭い階段に殺到すれば、混雑が発生して被害を大きくする可能性が高い。そこで上階に移動するように要請された人々に対しては、標準的なメッセージに加えて"上階は安全である"ということも強調する必要があるとロフタスは述べている。

病院火災警報システム
　病院火災は想像以上に発生件数が多い。たばこの投げ捨てなどの不注意が原因の主なものである。病院には特殊な問題がある。火災が発生した場合、その情報は医者や看護婦やその他の職員には伝えなければならないが、患者に伝われば混乱を引き起こす可能性がある。そこで多くの病院では火事とその発生場所についての情報を暗号化している。病院によっては「コード赤、4の西」というメッセージを流して、職員に4階の西ウイングに火災が発生したことを知らせている。他の色や数のコードは患者の心臓停止、爆弾などの他の緊急事態発生を意味する。ただキーとなる言葉が明確でなければ職員は混乱してしまう。そこでだれでもが火事を連想できる言葉を採用することをロフタスは奨めている。例えばNurse Braze、four west（ブレーズ看護師さん、4－西です）

というものであった。日本の場合はさしずめ「梶山看護師さん4の西です」ということになろう。

7．誤報効果を防ぐ。

今出（1975）は1968年の1年間の英国消防庁のデータによれば、火災報知器の真実の発報に対する誤報の割合は1：11であったことを報告している。筆者が所属している大学においても、火災報知器は頻繁に鳴り響いており、この1：11という数字を上回っているのではないかと思われる。そのために大多数の人は報知器の音を"うるさい"と思いこそすれ、火災を想定しての何らかの対応行動をとるといったことはしない。このように予知情報や警報が空振りに終わった場合、情報に対する人びとの信頼感が低下し、そのために、次の警報が無視されがちになる。

これをブレズニッツ（Breznitz, 1984）は、誤報効果と名づけている。この誤報効果は地震予知の場合特に深刻な問題になってくる。誤報による社会的、経済的影響はかなり重大なものになることが予想され、これを恐れて当局者は予知情報を出すことをためらいがちとなる。ブレズニッツは、誤報効果を低減するためには予知情報を出す以前に行なうべき方策（防御的対策）と誤報となった後に立てるべき対策（復旧対策）があることを指摘し、またそれらについての実験的研究を行なっている。防御的対策としてはたとえば脅威を取り消すタイミング、すなわち誤報であったと発表するタイミングや、災害発生の確率についての情報等を取りあげている。前者に関していえば、誤報であったと発表するタイミングが早ければ早いほど望ましいとしている。"早い"というのは時期的な早さではなく、予知情報がいくつかの段階に分かれている場合、早い段階での取り消しをさす。たとえば注意報、警報、避難命令という3段階の情報がある場合には、注意報の段階での取り消しが望ましいとするものである。というのは誤報効果は恐怖の強さと正の相関があることや、最終段階で予報が取り消された場合、最終段階まで情報の信憑性がなくなることになる

からである。注意報の段階で取り消しがなされれば、その段階までしか誤報効果の影響は受けない。

　上述の事柄を検証するために、ブレズニッツは次のような実験を行なった。まず被験者は2群に分けられ、両群とも警告A、警告B、警告Cが与えられた。警告Cが出された後に強い電気ショックがくるという教示がなされた。一方の群では警告Aの段階（実験開始から3分経過した後）で取り消しがなされたが、もう一方の群では警告C（ここでも同じく実験開始から3分経過した後）の段階で取り消しがなされた。その後、第2試行として両群ともに警告A、B、Cが与えられ、そしてCの段階で再び取り消しがなされた。従属変数は心拍数やGSR（皮膚電気反射）や質問紙に対する被験者の回答であった。実験の結果、第1試行のAの段階で警報が取り消された場合の方が、Cの段階で取り消された場合よりも第2試行後の誤報効果が小さいことが明らかにされた。そしてそれは警報が発せられてから取り消されるまでの時間の長さとは関係ないことも明らかにされた。

　次にブレズニッツは警報の確率が誤報効果に与える影響についても検討している。警報の確率はそれが高いほど人びとの恐怖を高め、また発災を予想しての対応行動をとらせることになるが、一方、高い確率の警報はそれが誤報になった場合、より大きな誤報効果をもたらすことになる。すなわち高い確率の警報は短期的には警報を出す当局者にとってポジティブな結果をもたらすことが予想されるが、長期的には逆にネガティブな結果を招くことが予測される。ここにもジレンマが存在する。

　確率に関する研究として、ブレズニッツは5％、50％、100％の3種の警報を設定し、それが誤報効果に与える影響について実験的に検討している。その結果、予想通り、確率が大になるほど、警報が空振りに終わった場合の誤報効果が大になることが明らかになった。

　以上のような実験結果をもとにして、ブレズニッツは誤報効果を低減する方法として、警報の種類をより細分化することを提案

している。細分化すればするほど最終段階の警報を出す可能性がそれだけ少なくなる。ゆえに、最終段階における誤報効果は防げることが考えられる。

　次にブレズニッツは警報が空振りに終わった後に、警報に対する信頼性を再び高めるための復旧対策をも提案している。その第1は空振りに終わった警報と将来発せられる警報の区別が明確にわかるようにすることである。誤報経験の一般化が誤報効果の中核だから過去の経験が将来の経験に影響しないようにしなければならない。ブレズニッツはそのための1つの方法として、似たような災害、たとえばハリケーンに対してイースト・ストーム、サウス・イースト・ストーム、ジューン・ストームのように異なったラベリングをすることを提案している。ラベルが多ければ多いほど、同じものが経験される可能性が少なくなり一般化が起きにくくなる。

　復旧対策の第2の方法とは、警報が空振りに終わった場合、そこに至った経過について詳しく説明することである。なぜ誤報になったのか、そもそも何をきっかけとして警報が出されたのか、誰に責任があるのか、こういったことについて人びとは疑問を持つ。これらの疑問について納得できるような十分な説明がなされる必要がある。普通、誤報は警報システムにおける予測できないノイズによるものである。それが理解されれば、人びとの不審感や怒りが警報システムそのものに向かわず、それ以外のところに帰属される可能性もある。できれば絶えず災害に関する情報を流すことが望ましいかもしれないが、事後説明を十分行なうことによっても警報システムに対する信頼感を回復することが可能であるとブレズニッツは考えている。

　誤報効果を低減するための方法として、以上述べた方法の他にも数多くの方法をブレズニッツは提案しているが、その中で彼は危険の種類によっては、誤報がかえってその後の警報に対する人びとの信頼性を強めることもありうることを述べている。その危険とは"皮肉な危険"（シニカル・デンジャー）と呼ばれるもの

である。それはたとえば戦闘時の危険のようなものである。戦闘の場合、一方の軍隊は敵の軍隊の防衛線が薄い箇所やあるいは油断している時をねらって攻撃をかけることが多い。よって何月何日、どこで敵襲があるという情報がもたらされれば、そこで戦闘体勢を整えるということになる。その後この情報が空振りに終わった場合、迎撃体勢を整えていた方の軍隊は「われわれの戦闘体勢を察知して敵は攻撃を差し控えたのだ」といった解釈を行なうのである。この場合、誤報による警報に対する信頼性の低下は起こらず、逆に高くなる。皮肉な危険とはこのように人びとの対応行動によって影響を受ける可能性がある危険である。

　一方自然災害の多くは"純真な危険"（ナイーブ・デンジャー）と呼ばれるもので、この場合は人びとの対応行動がいかに完全であろうと、それとは関係なく襲ってくるものである。しかし自然災害の場合も人びとの解釈いかんによってはそれが"皮肉な危険"にもなりうる。たとえば巨大地震発生を唱える新興宗教の教祖の託宣を信じる人びとは、たとえ地震が発生しなかったとしても容易に信仰を捨てようとはしない。逆に自分たちの祈りが天に通じて地震が起こらなかったと解釈するのである。この場合予言が当たらなくても信頼性は低下しない。このような現象も誤報効果の低減に参考になると考えられる。

⑥ 感染症や災害発生時のマスコミのスケープゴート現象

【マスコミのスケープゴート現象】

スケープゴート（生け贄の羊）…個人や集団の多大な攻撃的エネルギーが、その是非や正当性が十分に検討されることなしに集中的に他の個人や集団に向けられる現象

原因特定が困難な災害や戦争で多数の人々が死亡する事態が発生
　→人は明確な原因を見出す志向性を持つ
　→人は曖昧な状況に耐えられず、例え自然災害のような不可抗力の場合でも、そのフラストレーションを攻撃しやすい個人や組織に向ける
　→本来の問題や課題解決に向けるべきエネルギーが拡散し、社会に軋轢を生む可能性がある

精神分析学の防衛機制の中核的メカニズムのひとつである投射の中にも見られる
　→大衆は常にスケープゴートとなってくれる対象を必要とし、あるスケープゴートが消えればそれに代わるスケープゴートを引っ張り出す

6 感染症や災害発生時のマスコミのスケープゴート現象

　災害や戦争で多数の人々が死亡するような事態が発生した場合、しかもその原因を特定することが難しい場合、人は明確な原因（責任の所在）を見出すべく努力するような志向性を持っている。人間は曖昧な状況には耐えられずフラストレーションに陥る。そして責任所在のターゲットとして最も選択されやすく、また人々のフラストレーションを解消しやすいのは特定の人や組織集団である。ゆえにたとえ自然災害のような不可抗力の場合でも、非難攻撃の対象として個人や組織が選び出される。新聞は「これは自然災害ではなく人災だ」と書きたてる。その方が大衆のフラストレーションを解消しやすいからである。これが場合によっては、対象となった人物や組織だけでなく社会全体に対しても害を及ぼすことがある。例えば災害時に行政当局やマイノリティー集団に攻撃エネルギーが向けられると、本来の問題や課題解決に向けるべきエネルギーが拡散してしまったり、社会に軋轢や不協和を生み出したりする可能性がある。

　スケープゴート（生け贄の羊）は個人や集団の攻撃的エネルギーが集中的に他の個人や集団に向けられる現象である。攻撃の量やレベルが異常に高いのが特徴である。非難・攻撃の対象が正当なものとしてきちんと確かめられているわけではないし、そのような行為の是非が十分吟味されているとは限らない。責任を特定の人になすりつけ自分の罪悪感を軽減する手段としてスケープゴートが用いられるのは大昔からである。

　スケープゴートという言葉は古代贖罪の日に行われていたユダヤ人の儀式に由来する（ゴルヴィツァー、Gollwitzer, 2004）。それは旧約聖書の一部のレビ記「そしてAaronは生けるヤギの頭の上に両手を置き、ユダヤ人のすべての悪行、犯罪、宗教上の罪を告白するであろう。そして、彼はヤギの頭に罪を被せ、荒野に追いやるであろう。」にも記載されている（写真3）。

　この日には2頭の山羊が引き出され、そのうちの一頭は神の生

写真3　スケープゴートの図
http://tbn2.google.com/images?q=tbn:cW0G3p13B3vsvM:
http://gensheer.files.wordpress.com/2008/01/scapegoat.jpg

写真4　Robert Capa © 2001 By Cornell Capa/Magnum Photos

贄となり、もう一頭は人々の罪を背負わされ荒野に追いやられたということである。後者をスケープゴートと称した。このような考え方は精神分析学の防衛機制の中核的メカニズムのひとつである投射の中にも見られる。それは無意識の中にあって意識化されようとすると不安に陥るような、忌まわしく、邪悪で、恥ずかしい思考や感情を他者や他国、特に無抵抗な弱い者に押しつけて、自分の中にそれがあることを意識せずに済ませようとするメカニズムである。これにより自分は正しく、落ち度がなく他者が一方的に悪いことになる。そして当人は自分の中の忌まわしいものから解放されて自分を理想化できる。煩悩具足の大衆はこの意味で絶えずスケープゴートとなってくれる罪人を必要としている。あるスケープゴートが消えればそれに代わる者がスケープゴートとして引っ張り出される。新聞記事が暗いニュースに占められているのはそのような大衆の欲望を反映している。この意味でも他人の不幸は好ましいのである。犯罪者を一方的に糾弾したり、「人間のすることではない、信じられない」といったコメントをしたり、社会の風潮を嘆いたり、社会改革の必要性について声高に語ったりする識者は、大衆の代表者として欲望の発散に貢献しているとも考えられる。写真4と5は、ロバート・キャパが1944年8月、解放後のパリ市内で撮影したものである。ドイツ兵との間にできた赤ん坊を抱いた女性が坊主頭にされ、大勢の群集に取り巻かれ、引き回されている。坊主頭とそれを見ている人々の笑い顔が強烈な印象を与える（写真4）。

　スケープゴートに関する古典的研究としてヴェルトフォートとリー（Veltfort & Lee, 1943）のものがある。彼らは1942年12月31日にボストンで発生したココナッツ・グローブ・ナイトクラブ火災事故の事例研究を行っている。この事件では最初のマスコミの非難攻撃のターゲットとなったのは、電球を取り替える時に手元を照らすためにマッチを擦って誤ってデコレーション・ツリーに火をつけたアルバイトの少年だった。その少年に同情すべき点があることが明らかになると次にターゲットになったのは、明

写真5　Robert Capa © 2001 By Cornell Capa/Magnum Photos

【スケープゴートに関する古典的研究：1942年ボストンで発生したココナッツ・グローブ・ナイトクラブ火災事故事例】

　事件概要：アルバイトの少年が電球を取り替える時に手元を照らすためにマッチを擦って誤ってデコレーション・ツリーに火をつける。その結果火事となり、客が出口に殺到し、492人が死亡した。

　経過：火をつけた少年に始まり、明かりにいたずらをした者、消火設備を点検して許可した消防署、防火検査官、消防署長、警察官、警察署長、さらに市議会、市長、そしてクラブのオーナーへと次々と非難の矛先が向けられ、とりわけ当局が最たるターゲットとなった。

　⇒・当局は弁別できない一体化されたシンボルであり悪人の巣窟のような単純なイメージがもたれやすい。
　　・役人や政治的権威や大企業や社会的地位の高い人に対して、人々は日常からある種の妬みや敵意を抱いている。日常それは抑制されているが、それが許されると潜在的な敵意が活性化され、攻撃のはけ口として探し出される。

かりにいたずらをした者（身元は明らかにならなかった）であった。その後行政担当者や当局がターゲットとなった。具体的には消火設備を点検して許可した消防署、それから防火検査員、消防署長、警察官（私服ではあったが警察官としての職務を果たさなかったと非難された）、警察署長（部下をしっかり監督・訓練をしていなかったと非難された）、市議会（防火規則を作った）、市長（市の様々な部署に監督責任がある）などであった。その後ナイトクラブのオーナーがターゲットになった。オーナーの場合には新聞は責任だけではなく人格も非難した。可燃性の椅子や飾りを使用していたり、未成年者を雇って人件費を抑えようとしたりしたことを守銭奴として攻撃した。このような関係者をずらりと並べて、読者にスケープゴートとして気に入った者を好きに選ぶように仕向けているようなものだった。しかし読者のターゲットは当局全体に対するものが多かった。それは個人個人の責任を問い始めると、話が錯綜して分かりにくくなることが考えられる。当局の複数の部局は読者にとって弁別できない一体化されたシンボルであり、悪人の巣窟のような単純なイメージがもたれることがある。役人や政治的権威や大企業や社会的地位が高い人に対して、人々は日常からある種の妬みや敵意を抱いている。日常はそのようなものは抑制されているが、それが許されたり奨励されるような状況になると潜在的敵意が活性化され、攻撃のはけ口として探し出されるのである。この意味で人々はある個人を攻撃するよりも、当局全体を攻撃することを好む傾向がある。彼らをひきずりおろすことにより、一時的にでも自分たちの地位が上昇したような気分になる。

　上記のことを実証しようとした研究もある。ゴルヴィツァー（2004）は参加者に、ある状況で逸脱的行為（盗み、ただ乗り、宿題の書き写し等）を行うことがあるかどうか、あるとすればどのくらい葛藤を感じるかどうか解答を求めた。その後参加者は同じような状況で似たような犯罪を犯した者を裁くような状況を想像させられた。精神分析理論によれば逸脱的行為を行う傾向があ

【スケープゴートの変遷に関する波紋モデル】

　世間を揺るがす大事件には非難の大きなエネルギーがあり、非難の対象を次々と槍玉に挙げ拡大していくことで、こうしたエネルギーを吸収する仕組みがあると仮定する。水面に石を投げ入れた時に、波が発生し四方八方に拡散する状況のアナロジー。

→事件発生時から時間が経過するに従って、個人、コミュニティー、地域、社会、国際へ、個人に関する記事が減少し社会に関する記事が増加する。

→報道の量は時間が経過するに従って波の振幅のように減り、記念的な日やスクープがあると記事数が若干増大、減少する。

・事件発生時…波紋の同心円の中心でエネルギーが狭い範囲で個人を攻撃
・時間経過…個人から、職場の同僚、職場のシステム、管理者、行政当局、社会、国家へと拡散し、一件当たりのエネルギーが低下、あるレベルまで低下すると報道されなくなる。

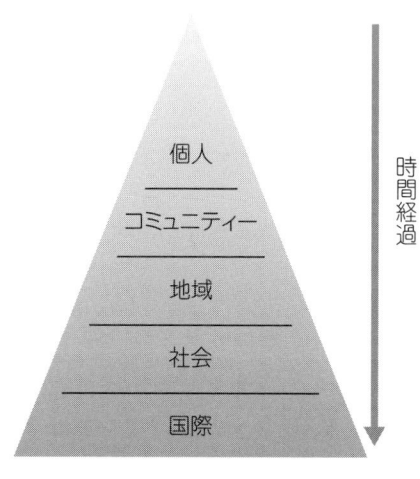

図10　時間経過に伴う攻撃対象の拡がり　　図11　波紋モデル

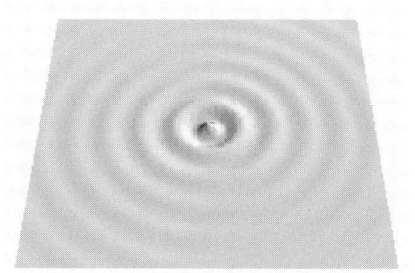

る者の方が犯罪者をより厳しく処遇することが考えられるが、結果はこれを支持しなかった。

スケープゴートの変遷に関する波紋モデル

小城（2003）は神戸小学生殺害事件の新聞報道における目撃証言の分析を行っている。この研究では不審人物・不審車両の目撃証言を分析し、証言の増幅と収斂過程の解明を試みている。それからチイとマッコームズ（Chyi & McCombs, 2004）は記事の性質や量の変動は時間と空間の次元で表現可能であることを示唆している。彼らは空間を国際、社会、地域、コミュニティー、個人の5水準に分類している。その中で事件発生時から時間が経過するに従って、個人に関する記事が減少し社会に関する記事が増加することを明らかにしている（図10）。

このような研究から釘原ら（2006）は、図11のような波紋モデルを考案した。これは水面に石を投げ入れた時に、そこから波が発生し四方八方に拡散していくような状況のアナロジーである。

このモデルでは質と量の両面を考慮する。事件直後にはその衝撃によって大きな波紋が発生する。振幅の大きさは攻撃エネルギーの量であり新聞記事の数（量）に反映される。時間が経過するに従って波の振幅は次第に低下していく。全体的にはこのような経過をたどるのであるが、途中で記事数が若干増大したり減少したりすることを繰り返す。途中で記事が増大するのは、その出来事から1週間、1ヶ月、1年というような記念日的な日であったり、事件や事故の重大な手がかりや新たなスケープゴートが発見された場合である。もちろん他の大きな事件が発生するとその波動エネルギーによってエネルギーが低下してしまう（表1参照）。

質的な面に関して本モデルは非難攻撃の対象（スケープゴート）の変遷について言及する。波紋の同心円の中心に近い所ではその振幅エネルギーが狭い範囲に集中している。この狭い範囲を個人（攻撃の対象人物）とする。時間経過に従って次第に面積が

【波紋モデルの事例分析】

JR福知山線脱線事故
1. 非難記事が個人、集団、文化・社会、システム、国家と変遷する
2. 非難対象により波紋の周期が異なり、個人の場合は集団より周期が短い
   ⇒さらに攻撃回数の頻度が低いものほど、主観的ピークがより後方にずれる

SARS（重症急性呼吸器症候群）とO157
事故とは異なる感染症であり、記事の件数、その特異性、一時的な流行、人間に関するものであるとい共通点を持つ
1. 感染症も社会にパニックを引き起こす原因のひとつであり、また他の原因によるパニックより深刻であると見られている
2. 災害や戦争やテロと違ってマスコミ情報による間接体験が感染症パニックのイメージ形成に最も影響している
3. 非難の対象は個人→集団→システム→国→社会文化と拡散していく
4. 国に対する非難記事は少ないにもかかわらず人々の国に対する非難量のイメージは誇張されている
5. 感染症の場合、他の災害に比べて国に対する非難の割合が特に多い

広がり、中心から離れるに従って攻撃対象が個人から離れ、職場の同僚、職場のシステム、管理者、行政当局、社会、国家というように拡散して行く。中心からの面積が狭い場合、エネルギーは狭い範囲（例えば個人）に集中しているが拡散するに従って1件当たりの攻撃エネルギーは低下する。しかし面積が拡大しているために全エネルギー量は恒常性を保つ。ただし1件当たりの攻撃エネルギーがあるレベルまで低下すれば新聞記事として掲載されたり、テレビで報道されるようなことはなくなる。

波紋モデルに関する実証的研究

　第1に、JR福知山線脱線事故の報道を対象にして分析を行なった。その結果、1．非難記事が個人、集団、文化・社会、システム、国家と変遷すること、2．非難対象により波紋の周期が異なり、個人の場合は集団より周期が短いことが明らかになった。

　このように新聞記事の非難対象が変遷することが明らかになったが、このような変遷はわれわれのイメージの中でより強く生じている可能性がある。新聞記者をはじめとする報道担当者がそのイメージによって記事のフレーム作りをするために生じている可能性もある。すなわちイメージが予言の自己成就をもたらしているものとも考えられる。

　そこで次に新聞記事の攻撃対象の変遷と、それをわれわれが想起する場合の変遷イメージとのずれを検討した。具体的にはJRの福知山線の事故のデータを用いて質問紙調査を行った。調査の結果、攻撃対象が、システム、国、社会文化などの攻撃回数の少ないものは、実際の新聞記事数より多く見積もられることが明らかになった。また、マスコミの攻撃対象の変遷イメージが実際のマスコミの攻撃対象の変遷とずれが生じることも明らかとなった。そして、そのずれには、以下の2つの傾向があることがわかった。第1の傾向は、最初に頻度が高かったものが、頻度が低下するにつれて、それまで頻度が低かったものが次第に過大視されるということである。第2は、その過大視にも順番があり、比較

【スケープゴート現象検証の意義】

スケープゴートの変遷の認知のずれを正しく認識し、修正の方向を知る
　→日常生活の危機管理などへの応用が可能となる
　　事件・事故の報道に一般化できる
　→災害報道の研究分野に、責任帰属の世論形成という新たな視点を提供

非難対象や拡がりの一般的法則を示し、その背後にある感情や記憶の変容メカニズムを人々に周知させる
　→過剰な非難批判を抑制することが可能になる

的頻度が高いものから順番に過大視される傾向があるということである。このことより、「攻撃回数の頻度が低いものほど、主観的ピークがより後方にずれる」ということも明らかになった。

　第2に、SARS（重症急性呼吸器症候群）とO157という大流行した二つの感染症に関する報道を対象に取り上げた。この2種類の感染症を取り上げた理由として、まず事故とは異なる感染症の流行に関する現象であること、また最近10年で流行した感染症には、他にノロウイルス・後天性免疫不全症候群（HIV）・麻疹（はしか）・鳥インフルエンザ・インフルエンザ・肺炎などが考えられるが、①記事の件数（流行の程度）②その特異性③一時的な流行である④人間に関するものと、いう条件からSARS・O157について分析を行い検討した。分析の結果、1）感染症も社会にパニックを引き起こす原因のひとつであり、また他の原因によるパニックより深刻であると見られていること。2）災害や戦争やテロと違ってマスコミ情報による間接体験が感染症パニックのイメージ形成に最も影響していること。3）非難の対象は個人→集団→システム→国→社会文化と拡散していくこと。4）国に対する非難記事は少ないにもかかわらず人々の国に対する非難量のイメージは誇張されていること。5）感染症の場合他の災害に比べて国に対する非難の割合が特に多いこと等が明らかになった。

　この分析の意義は、身の回りにあるスケープゴートの変遷を正しく認知するための方針をたてるところにあった。そのような「スケープゴートの変遷の認知のずれ」を正しく認識し、修正の方向を知ることで、日常生活の危機管理などへの応用が可能となるであろう。また、本研究で得られた知見は事件・事故の報道に一般化されるもので、災害報道の研究分野に、責任帰属の世論形成という新たな視点を提供することができると考えられる。

　第2次大戦時中、米国では戦意を喪失させるデマを防御するために心理学者や知識人を動員して、新聞などに「デマの診断欄」を設けたことが知られている。悪質なデマを正しく理解するのに必要な専門知識を一般に知らせようという試みが心理学者によっ

表1　記事分析

	第1面の見出し	事故関連の主要記事
4/25（月）	（9時18分頃 事故発生）	
4/26（火）	死者58人 負傷441人／JR福知山線 脱線／「信楽」上回る大惨事に	事故の発生、規模を報じる
4/27（水）	車内になお十数人／福知山線脱線／生体反応、確認できず 死者81人 事故調「原因は複合的」	会長、社長が辞任の意向
4/28（木）	先頭車両、半分に変形／尼崎脱線事故 死者97人に 運転士、確認できず	運転士確認できず／おわびの印3万円／置き石相次ぐ
4/29（金）	死者106人 救助終了／尼崎脱線事故／集中治療室 なお13人 運転士の遺体を収容	救助終了 死者106人／運転士の遺体を収容
4/30（土）	尼崎脱線 45度傾き電柱衝突 事故調 非常制動も確認	兵庫県警現場検証を開始／オーバーラン／置き石示唆を陳謝
5/1（日）	尼崎脱線事故 1両目後部で負傷 本紙記者・久田宏／107人の死 どう向きあえばいいのか	1ヵ月前に国交省が厳重注意 オーバーラン続発で／日勤教育／のぞみが速度超過
5/2（月）	主因 速度超過と断定「尼崎脱線」事故調／運行管理 実態解明へ ダイヤ担当者ら聴取 兵庫県警	主因は速度超過と断定事故調／効率化による現場の負担増
5/3（火）	先頭車100キロ超で滑空／尼崎脱線 枕木から数十メートル マンション前まで通過痕なし	JRのミスに関する小さい報道が複数
5/4（水）	事故列車同乗2運転士／救助せず出勤 JR西 上司も黙認 尼崎脱線	救助せず2運転士が出勤 上司黙認
5/5（木）	当日ボウリング大会／JR脱線 事故知りながら 天王寺車掌区 区長ら43人／処分検討22人は大会後飲酒も	事故当日ボウリング大会 天王寺車掌区 22人は大会後飲食も／オーバーラン／置き石した容疑者逮捕
5/6（金）		（休刊日）
5/7（土）	事故調報告書を"無視"／3年前「定時運行の意識で焦り」指摘も JR西ダイヤ改正 福知山線さらに過密化	安全軽視の風土／鉄道マンの誇りはどこに（社説）／ゴルフもしていた
5/8（日）	尼崎脱線 運輸安全確保へ法案「信楽」遺族ら立法化働きかけ	慰霊祭を打診 遺族は反発
5/9（月）	尼崎脱線 ダイヤ上「最速列車」川西池田発、35秒遅れ／伊丹オーバーランは60メートル	39人が事故当日に酒宴 民主議員も参加／オーバーラン／ポイントにいたずら

てなされた。これと類似する方法を用いて非難対象や拡がりの一般的法則を示し、その背後にある感情や記憶の変容メカニズムを人々に周知させることで過剰な非難批判を抑制することが可能になると考えられる。

引用文献

安倍　北夫（1986）　パニックの人間科学　ブレーン出版

安倍　北夫（1978）　危機的場面の行動　末永俊郎（編）　集団行動（講座社会心理学2）　東京大学出版会　Pp.263-285.

Breznitz, S（1984）　*Cry wolf: The psychology of false alarm.* Hillsdale, N.J.: Lawrence Erlbaum.

Brown, J. D., & Rogers, R. J.（1991）　Self-serving attributions: The role of physiological arousal. *Personality and Social Psychology Bulletin,* 17, 501-506.

Chyi, H.I., & McCombs, M.（2004）　Media salience and the process of framing: Coverage of the Columbine school shootings. *Journalism and Mass Communication Quarterly,* 81, 22-35.

Coombs, W.T.（1999）　*Ongoing crisis communication: Planning, managing, and responding.* Thousand Oaks, CA: Sage Publications.

Donald, I., & Canter, D.（1992）　Intentionality and fatality during the King's Cross underground fire. *European Journal of Social Psychology,* 22, 203-218.

Elliot, D.（2006）　Crisis management into practice. In D. Smith, & D. Elliot（Eds., ）, *Key readings in crisis management: Systems and structures for prevention and recovery.* London: Routledge.

Fearn-Banks, K.（2001）　*Crisis communication: A casebook approach.* LEA.

Frewer, Lynn, J, Miles, S., & Marsh, R（2002）　The media and genetically modified foods: Evidence in support of social amplification of risk. *Risk Analysis,* 22（4）, 701-711.

藤井　聡・吉川肇子・竹村和久（2003）　東電シュラウド問題にみる原子力管理への信頼の変化　社会技術研究論文修, 2, 399-405.

Grice, H.P. (1975) Logic and conversation. In P. Cole & J. L. Morgan (Eds.) *Syntax and semantics, 3: Speech acts*, pp.41-58. New York: Academic Press

Galtung, J. and Ruge, M. H. (1965) The structure of foreign news. The presentation of the Congo, Cuba and Cyprus crises in four norwegian newspapers. *Journal of Peace Research*, 2, 64-91.

Gollwitzer, M. (2004) Do normative transgressions affect punitive judgments? : An empirical test of the psychoanalytic scapegoat hypothesis. *Personality and Social Psychology Bulletin*, 30, 1650-1660.

Grönvall, J. (2000) *Managing crisis in European Union: The commission and "Mad Cow Disease"*, Swedish National Defense College, Stockholm.

廣井　脩（1999）　緊急時口コミの実態　月刊「言語」vol.28, no.8, pp.62-68.

池田　謙一（1986）　緊急時の情報処理（認知科学選書９）　東京大学出版会

今出　重夫（1975）　安全・防災システムと計画　東京電機大学出版局

Jones, E. E., & Nisbett, R. E. (1971) *The actor and observer: Divergent perceptions of the causes of behavior*. Morristown, NJ: General Learning Press.

Keating, J. P., & Loftus, E. F. (1981) The logic of fire escape. *Psychology Today*, 15, 14-19.

吉川　肇子（1989）　リスク管理のコミュニケーション　マーケティングリサーチ　No.27，2-13

吉川　肇子（編）（2009）　健康リスク・コミュニケーションの手引き　ナカニシヤ出版

吉川　肇子・岡本真一郎・菅原　康二（1999）　リスクの生起確率の言語的表現　日本リスク研究学会誌，11，67-74.

木下　冨雄（1986）　補講2　緊急時における対人的相互作用と情報処理　池田謙一著　緊急時の情報処理　東京大学出版会　Pp.159-180.

釘原　直樹（2006）　パニック行動　心理学ワールド，34, 25-28.

小城　英子（2003）　神戸小学生殺害事件の新聞報道における目撃証言の分析　社会心理学研究，18, 89–105.

釘原　直樹（2007）　疑似高齢者を含む集団の衝突に関する実験的研究−日本社会心理学会第48回大会論文集，116-117.

釘原　直樹（1995）　パニック実験−危機事態の社会心理学−ナカニシヤ出版

Kugihara, N（2005）　Effects of physical threat and collective identity on prosocial behaviors in an emergency. James P. Morgan（Ed.）　Psychology of aggression. NY: Nova Science Publishers, Inc.

釘原　直樹・植村善太郎・村上　幸史・中島　渉・高田　亮（2006）　マスコミが対象とするスケープゴートの変遷（1）−スケープゴート発生と変遷のメカニズム−．日本グループ・ダイナミックス学会第53回大会論文集，130-131.

釘原　直樹・三隅二不二・佐藤　静一（1980）　模擬被災状況における避難行動力学に関する実験的研究（1）　実験社会心理学研究，20, 55-67.

Le Bon, G.（1960）　*The crowd: A study of the popular mind.* New York: Viking Press.

Levinson, S.C.（2000）　*Presumptive Meanings: The theory of generalized conversational implicature.* Cambridge, Massachusetts: The MIT Press.

Lichtenstein S, Slovik P, Fischhoff B, Layman M, Combs B.（1978）　Judged frequency of lethal events, *Journal of Experimental Psychology*: *Human Learning and Memory*, 4, 551–78.

Loftus, E. F.（1979）　Words that could save your life.

Psychology Today, 13, 102-137.

正田　亘（1985）　安全心理学：安全態度と退避行動　恒星社厚生閣

Lundgren, R., & McMakin, A.（1994）*Risk communication: A handbook for communicating environmental, safety, and health risks.* Columbus, OH: Battelle books.

Mawson, A. R.（1980）　Is the concept of panic useful for scientific purposes?　In *Second International Seminor on Human Behaivor in Fire Emergencies. Oct. 29-Nov. 1, 1978 Proceedings of Seminar NBS Report NBSIR 80-2070*, pp. 208-11. Washington D. C.: National Bureau of Standards.

Mazur, A.（1981）　*The dynamics of technical controversy.* Washington D.C.: Communications Press.

Meyers, G.C., & Holusha, J.（1986）　*When it hits the fan: Managing the nine crises of business.* Boston: Houghton Mifflin.

Mileti, D.S., & Peek, L.（2000）　The social psychology of public response to warnings of a nuclear power plant accident. *Journal of Hazardous Materials*, 75, 181-194.

Mintz, A.（1951）　Non-adaptive group behavior. *Journal of Abnormal and Social Psychology*, 46, 150-159.

Mitchell, M.L.（1989）　The impact of External parties on brand-name capital: The 1982 Tylenol® Poisonings and subsequent cases. *Economic Inquiry*, 27, 601-618.

村瀬　孝雄・村瀬嘉代子（編）（2004）　ロジャーズ－クライエント中心療法の現在　こころの科学セレクション　日本評論社

National Research Council（1989）　*Improving risk communication.* Washington, DC: National Academy Press.

Quarantelli, E.（1957）　The behaivor of panic participants. *Sociology and Social Research*, 41, 187-194.

Reynolds, B., & Seeger, M.W.（2005）　Crisis and emergency

risk communication as an integrative framework. *Journal of Health Communication*, 10, 43-55.

Rosenfeld, P., Giacalone, R.A., & Riordan, C.A., (1995) *Impression management in organizations*. London: Rougledge.

Sime, J. D. (1994) Escape behaviour in fires and evacuations. In P. Stollard, & L. Johnston (Eds.) *Design against fire: An introduction to fire safety engineering design*. London: E & FN Spon.

竹村　和久（1990）　ファジー評定による確率表現用語の分析　日本心理学会第54回大会発表論文集，p.686

田中　豊（1993）　確率的予測の不的中と情報源の信憑性評価－より好ましくない方向への不的中がもたらす影響－　社会心理学研究，8，107-115

東京大学新聞研究所「災害と情報」研究班（1985）　1984年長野県西部地震における災害情報の伝達と住民の対応

塚本　孝一（1979）　火事の話　白亜書房

Ulmer, R.R., Sellnow, T.L., & Seeger, M.W. (2007) *Effective crisis communication: Moving from crisis to opportunity*. Thousand Oaks, CA: Sage Publications.

Veltfort, H.R., & Lee, G. E. (1943). The Cocoanut Grove fire: A study in scapegoating. *Journal of Abnormal and Social Psychology*, 38, 138-54.

White, D. M. (1950) The "gate-keeper": A case study in the selection of news. *Journalism Quarterly*, 27, 383-390.

著者紹介

吉川 肇子

慶應義塾大学商学部准教授

1988年　京都大学文学研究科博士課程後期単位取得退学

1999年　博士（文学）　京都大学

主著等：リスク・コミュニケーション（福村出版）、リスクとつきあう（有斐閣）、防災ゲームで学ぶリスク・コミュニケーション（ナカニシヤ出版）（共著）、クロスロード・ネクスト（ナカニシヤ出版）（共著）、健康リスク・コミュニケーションの手引き（ナカニシヤ出版）（編著）

釘原 直樹

大阪大学人間科学研究科教授

1982年　九州大学大学院教育学研究科教育心理学専攻博士課程単位取得退学

1993年　博士（教育心理学）　九州大学

主著等：パニック行動　心理学ワールド，34, 25-28、Effects of physical threat and collective identity on prosocial behaviors in an emergency. James P. Morgan（Ed.）Psychology of aggression. Nova Science 5

岡本 真一郎

愛知学院大学心身科学部教授
1982年　京都大学大学院文学研究科博士後期課程心理学専攻満期退学
1998年　博士（文学）　京都大学
主著等：ことばの社会心理学（ナカニシヤ出版）、言語表現の状況的使い分けに関する社会心理学的研究（風間書房）、ことばのコミュニケーション―対人関係のレトリック（ナカニシヤ出版）（編著）

中川 和之

時事通信社編集委員、防災リスクマネジメントWeb編集長
日本大学芸術学部卒
1981年　時事通信社入社。主に事件や科学の取材を担当、社会部科学班、警視庁、気象庁、厚生省担当、神戸総局などを経て、2005年12月から現職。
各種委員：中央防災会議災害被害を軽減する国民運動の推進に関する専門調査会委員、他
主著等：大震災を生き抜く（時事通信社）（編集・共著）

危機管理マニュアル
どう伝え合う　クライシスコミュニケーション

発行日	2009年9月15日
著　者	吉川　肇子 ⓒ
	釘原　直樹
	岡本真一郎
	中川　和之
編　集	イマジン自治情報センター
発行人	片岡　幸三
印刷所	今井印刷株式会社
発行所	イマジン出版株式会社

〒112-0013　東京都文京区音羽1-5-8
TEL 03-3942-2520　FAX 03-3942-2623
HP　http://www.imagine-j.co.jp/

ISBN978-4-87299-522-0　C2031　¥1500E
乱丁・落丁の場合は小社にてお取替えいたします。

D-file [ディーファイル]

イマジン出版
〒112-0013 東京都文京区音羽1-5-8

分権自治の時代・自治体の新たな政策展開に必携

自治体の政策を集めた雑誌です
全国で唯一の自治体情報誌

毎月600以上の自治体関連記事を**新聞1紙の購読料**なみの価格で取得。

[見本誌進呈中]

実務に役立つよう記事を詳細に分類、関係者必携!!

迅速・コンパクト
毎月2回刊行(1・8月は1回刊行)1ヶ月の1日～15日までの記事を一冊に(上旬号、翌月10日発行)16日～末日までの記事を一冊に(下旬号、翌月25日発行)年22冊。A4判。各号100ページ前後。各号の掲載記事総数約300以上。

詳細な分類・編集
自治体実務経験者が記事を分類、編集。自治体の事業・施策に関する記事・各種統計記事に加えて、関連する国・企業の動向も収録。必須情報がこれ一冊でOK。

見やすい紙面
原寸大の読みやすい誌面。検索しやすい項目見出し。記事は新聞紙面を活かし、原寸サイズのまま転載。ページごとに項目見出しがつき、目次からの記事の検索が簡単。

豊富な情報量
58紙以上の全国紙・地方紙から、自治体関連の記事を収録。全国の自治体情報をカバー。

自治体情報誌 D-file別冊 Beacon Authority ビーコン オーソリティー 実践自治

条例・要綱を詳細に収録
自治体が制定した最新の条例、要綱、マニュアルなどの詳細を独自に収録。背景などポイントを解説。

自治体アラカルト
地域や自治体の特徴的な動きをアラカルトとして編集。自治体ごとの取り組みが具体的に把握でき、行政評価、政策分析に役立つ。

実務ベースの連載講座
最前線の行政課題に焦点をあて、実務面から的確に整理。

D-fileとのセット
D-fileの使い勝手を一層高めるために編集した雑誌です。
別冊実践自治[ビーコンオーソリティー]のみの購読はできません。

タイムリーな編集
年4回刊(3月・6月・9月・12月、各月25日発行)。各号に特集を掲載。自治体を取りまく問題をタイムリーに解説。A4判・80ページ。

施策の実例と評価
自治体の最新施策の事例を紹介、施策の評価・ポイントを解説。各自治体の取り組みを調査・整理し、実務・政策の企画・立案に役立つよう編集。

ご購読価格（送料・税込）

☆年間契約	55,000円＝[ディーファイル] 年間22冊　月2冊(1・8月は月1冊)	実践自治[ビーコンオーソリティー] 4冊／(年間合計26冊)
☆半年契約	30,500円＝[ディーファイル] 半年間11冊　月2冊(1・8月は月1冊)	実践自治[ビーコンオーソリティー] 2冊／(半年間合計13冊)
☆月払契約	各月5,000円(1・8月は3,000円)＝[ディーファイル] 月2冊(1・8月は月1冊)	実践自治[ビーコンオーソリティー]＝3,6,9,12月各号1,250円

お問い合わせ、お申し込みは下記「イマジン自治情報センター」までお願いします。

電話 (9:00～18:00)
03-3221-9455

FAX (24時間)
03-3288-1019

インターネット (24時間)
http://www.imagine-j.co.jp/